游戏开发与设计
——技术丛书——

从零构建
Unity 3D游戏

开发与设计实战

Unity 3D Game Development
Designed for passionate game developers—Engineered to build professional games

[美] 安东尼·戴维斯　特拉维斯·巴蒂斯特　拉塞尔·克雷格　瑞恩·斯图克尔　著
　　　(Anthony Davis)　　(Travis Baptiste)　　　(Russell Craig)　　(Ryan Stunkel)

童明 译

机械工业出版社
CHINA MACHINE PRESS

Anthony Davis, Travis Baptiste, Russell Craig, Ryan Stunkel: *Unity 3D Game Development: Designed for passionate game developers—Engineered to build professional games* (ISBN: 9781801076142).

Copyright © 2022 Packt Publishing. First published in the English language under the title "Unity 3D Game Development: Designed for passionate game developers—Engineered to build professional games".

All rights reserved.

Chinese simplified language edition published by China Machine Press.

Copyright © 2024 by China Machine Press.

本书中文简体字版由 Packt Publishing 授权机械工业出版社独家出版。未经出版者书面许可，不得以任何方式复制或抄袭本书内容。

北京市版权局著作权合同登记　图字：01-2022-6548 号。

图书在版编目（CIP）数据

从零构建 Unity 3D 游戏：开发与设计实战 /（美）安东尼·戴维斯（Anthony Davis）等著；童明译. —北京：机械工业出版社，2024.2

（游戏开发与设计技术丛书）

书名原文：Unity 3D Game Development: Designed for passionate game developers—Engineered to build professional games

ISBN 978-7-111-74877-9

Ⅰ. ①从… Ⅱ. ①安… ②童… Ⅲ. ①游戏程序 – 程序设计 Ⅳ. ① TP311.5

中国国家版本馆 CIP 数据核字（2024）第 030820 号

机械工业出版社（北京市百万庄大街 22 号　邮政编码 100037）
策划编辑：王春华　　　　　责任编辑：王春华　赵亮宇
责任校对：郑　婕　李　杉　责任印制：任维东
河北鹏盛贤印刷有限公司印刷
2024 年 5 月第 1 版第 1 次印刷
186mm×240mm·15.25 印张·328 千字
标准书号：ISBN 978-7-111-74877-9
定价：79.00 元

电话服务　　　　　　　　　网络服务
客服电话：010-88361066　　机 工 官 网：www.cmpbook.com
　　　　　010-88379833　　机 工 官 博：weibo.com/cmp1952
　　　　　010-68326294　　金 书 网：www.golden-book.com
封底无防伪标均为盗版　　　机工教育服务网：www.cmpedu.com

很高兴我们能一起学习 3D 游戏开发的知识。首先介绍一下本书的作者分工：

❑ Anthony Davis，高级技术美术设计师，负责撰写本书、管理项目、制作特效和着色器以及打磨项目。

❑ Travis Baptiste，3D 美术设计师，负责美术指导、游戏建模、游戏角色动画以及帮助定义游戏中的故事设计。

❑ Russell Craig，高级软件工程师，负责编写游戏脚本和游戏玩法。

❑ Ryan Stunkel，音效设计师，负责创建和实现项目中的所有音效。

为确保尽可能利用好我们加起来 50 多年的集体经验（本书的每一页都包含 4 个人的共同努力），我们在整本书上花了 6 个多月的时间并对初稿进行了两次修订，以确保用最合适的用例来解释新概念，而且最重要的是提供一种可行的教学方法。最后，我们相信自己成功创作了一本书，这本书将我们在游戏开发领域塑造的职业轨迹前移了 3 到 5 年。

本书涵盖了使用 Unity 设计和开发 3D 游戏的方方面面。我们将介绍如何设计、创建和实现游戏角色、环境、UI、音效和玩法。

本书目标

本书的目标是让每一位读者建立正确的思维方式来思考 3D 游戏，然后向读者展示我们创建游戏的所有步骤。欢迎新手阅读本书，但是书中主题的难度可能会快速提升。虽然有难度，但如果坚持下去，你将会快速掌握游戏开发的知识。本书的主要目标读者是那些对游戏开发有一定了解的人，但无论你的经验如何，我们都希望为你带来一次愉快的学习之旅。我们将涵盖的概念很快就会变得复杂，包括游戏角色、编程、设计模式以及我们将要学习的其他内容。

为了充分利用本书，建议你遵循下面的步骤：

❑ 通读各章，读完每章后有意地停顿一下来思考这些概念。

❑ 如果某些知识点对你来说是全新的，请查看我们在 GitHub 中的项目，看看实际动手是否有助于进一步理解它。如果没有，请上网搜索相关概念进一步研究。

本书的设计初衷是让你了解我们的学习方法，然后通过研究项目理解所有基础知识。更重要的是要理解我们先前为什么要这样设计。我们也花了不少时间去学习 Unity 界面的基础知识，但之后就可以通过大量的在线资源学习技术了。

你在本书中可能找不到某些内容，比如如何为角色建模、绑定（rig）角色或制作角色动画。我们很少谈论这个过程，因为这个过程需要单独去练习。我们更多谈及的是为什么以某种方式设计游戏角色，以帮助你以同样的方式进行游戏开发。项目中包含了所有动画，因此构建完成后的产品就是成品。这是一种强有力的学习方式，我们会教你为什么项目会以这种方式完成。通过这种方式，你可以看到最终结果，并且可以发挥创造力并按照自己的想法进行设计，还可以在阅读章节的同时使用新工具自行完成整个过程。

最后，在深入学习之前，我们建议你打开本书的 GitHub 仓库，导航到 Builds 文件夹看一看。这将帮助你了解我们的团队是如何将内容以完整的形式组合在一起的。看完之后，你可以想象我们从零开始构建这个项目时所经历的一切。

本书读者对象

本书特别适合对制作 3D 游戏感兴趣的入门读者，书中内容既涉及基础知识，也包括一些高级话题。

此外，本书对那些已经在开发游戏但还想学习更多知识的读者也会有帮助，因为书中涵盖了广泛的技巧和知识。

本书内容

第一部分：计划和设计

第 1 章介绍三维（3D）的概念和本书将要用到的一些术语。

第 2 章先介绍设计的基础知识，然后引导读者安装 Unity 并创建第一个项目。

第 3 章奠定编程基础，通过解释逻辑基础知识和 Visual Studio 的基本用法来介绍 C# 的强大功能。

第二部分：构建

第 4 章介绍在设计 3D 角色的同时考虑如何将它们用于绑定和动画。

第 5 章引导你思考游戏的环境以及我们为设计和构建环境所做的工作。

第 6 章花一些时间思考游戏机制以及用户需要什么样的交互，还包括项目中的交互所需的编程。

第 7 章增加一些复杂主题，包括与物理设置的交互和更加高级的编程概念。

第 8 章介绍 Unity 的画布组件以及如何在任意项目上开发整体游戏界面。

第三部分：打磨和细化

第 9 章介绍渲染的基础以及相关的系统，深入讲解如何使用视觉特效系统增进你的游戏世界与用户的情感联系。

第 10 章讲解 Unity 中的音效系统，并为声音设计奠定坚实的基础。

第 11 章教你如何使用 Unity 构建最终可运行的游戏，并讲解测试方法，根除可以避免的错误以制作更好的游戏产品。

第 12 章介绍用来完善项目的内容，包括专门的粒子系统、光照、艺术定义和声音润色。

第 13 章介绍 Unity 提供的一些其他服务，以防你的项目所需的那些在前面的章节中没有涵盖到，例如多人游戏或混合现实相关的内容。

如何充分利用本书

❑ 请注意本书不是一个示例教程，而是开发 3D 游戏时的一本参考书。我们只讨论几个简单的示例。请尽可能从中学习相应的逻辑原理并将其应用到你的项目中。

❑ 请对涵盖的主题做好笔记，我们加大了在物理引擎部分的编程难度。

下载示例代码

本书中涉及的代码已经放在了 GitHub 上，链接是 https://github.com/PacktPublishing/Unity-3D-Game-Development。

下载彩图

我们还提供了一个包含书中所有彩图的 PDF 文件，下载链接是 https://static.packt-cdn.com/downloads/9781801076142_ColorImages.pdf。

以上资料也可以从 www.cmpreading.com 获取。

排版约定

以下是书中涉及的一些文本格式的排版约定。

代码体文本：表示代码段、数据库表名、文件夹名、文件名、文件扩展名、路径名、短链接、用户输入。例如："将下载好的 `WebStorm-10*.dmg` 镜像文件挂载到系统中。"

代码段的示例如下：

```
void OnStartGameButtonPressed()
    {
        SetPlayerEnabled(true);
        Cursor.lockState = CursorLockMode.Locked;
        Cursor.visible = false;
        this.gameObject.SetActive(false);
    }
```

 代表警告或重要信息。

 代表技巧和小窍门。

About the Author 作者简介

Anthony Davis　Unity Accelerate Solutions 的高级技术美术设计师，在佛罗里达州的奥兰多生活。在加入 Unity 之前，他曾在多个领域工作过，从退伍军人到体操教练，再到创办独立的游戏开发工作室，等等。他的独立工作和自由职业经历让他学习到了游戏开发的各方面知识。闲暇时，他会玩《龙与地下城》游戏，练习美术设计技巧，筹划新项目。

我要感谢我的家庭给我时间来撰写本书。Tica，谢谢你打理好一切。Jehryn 和 Kember，感谢你们的理解，我在写这本书时不能陪你们一起玩游戏。Mohss，我在撰写这本书时一直会想到你，希望本书对你的游戏项目有所帮助。

Travis Baptiste　美术设计师、终身学习者、休闲游戏玩家。从军队退役后，Travis 就读于福赛大学，在那里学习游戏美术设计。2015 年毕业以后，他一直作为自由职业者从事 3D 建模的工作，同时在家教育他的两个孩子。不管是在客户项目还是个人项目中，Travis 的 3D 才能都得到了很好的体现。

感谢我的家人对我抽时间写作本书的理解。我的孩子们，希望这次经历能够进一步激励你们不怕艰辛地追求自己的目标。感谢我的妻子 Almira 对我的支持，你照顾好了孩子们的生活，让我可以放心工作到深夜。David Nguyen，感谢你对我的指导和陪伴。Anthony，很幸运有机会与你合作完成本书。

Russell Craig　Unity 公司高级软件工程师。在撰写本书时，他已经拥有 10 年的专业 Unity 模拟经验，所涉领域包括应用程序开发、产品硬件 / 固件模拟、传感器模拟、医疗培训模拟和 AR/VR 开发等。他还是 Unite 的演讲者和 Unity 的百事通。闲暇时，Russell 会与妻子和孩子一起组装计算机、玩电子游戏和改装汽车。

我想感谢我的家人、朋友和同事，感谢你们对我忙碌日程的包容。

Ryan Stunkel　专业电子游戏音效设计师，他在得克萨斯州的奥斯汀经营着他的工作室 Blipsounds，除此之外，Ryan 还通过 YouTube 上的 Blipsounds 频道向社区的音效设计师传授知识。

Contents 目　录

第一部分 *Part 1*

计划和设计

第 1 章

基础入门

欢迎来到本章！我们将深入探讨本章将涵盖的主题：

❑ 拥抱 3D。

❑ Unity 界面。

❑ 基本的 Unity 概念。

让我们从熟悉 3D 游戏开发的基础组件开始。

1.1　拥抱 3D

本节我们会对 3D（三维）做一个基本介绍，从坐标系统到 3D 模型如何渲染，我们均只介绍基础知识，以确保你能够完全理解。阅读本节之后，你将能够理解 Unity 如何显示各种对象。

1.1.1　坐标系统

不是所有 3D 程序中的 3D 坐标系统都是一样的！Unity 是 +y 朝上的左手坐标系，左手坐标系和右手坐标系的区别如图 1.1 所示。

当你使用这些坐标系时，会发现对象的位置是用括号括起来的三个值组成的数组表示的，像这样：

```
(0, 100, 0)
```

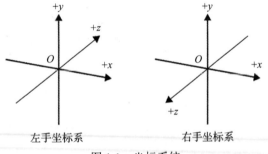

图 1.1　坐标系统

这三个数字分别表示（x, y, z）。使用这样的表达方式是一个好习惯，因为在编写位置脚本时，代码也使用非常相似的语法。当我们讨论位置时，通常指的是数字内容生成器（Digital Content Creator，DCC）内部的变换（Transform）。在 Unity 中，Transform 包含位置、旋转和缩放。

现在我们明白了世界坐标系（x, y, z），并且这几个坐标值均从 0 开始，用（0, 0, 0）表示原点。在图 1.2 中，3 条线相交的地方就是世界坐标系中的（0, 0, 0）。图中的立方体有自己的 Transform，包括对象的 Transform、旋转和缩放。请记住，Transform 保存局部的位置、旋转和缩放。全局 Transform 是根据对象的层级关系计算出来的。

图 1.2　3D 坐标系

图 1.2 中的立方体在坐标（1, 1.5, 2）处。这叫作世界空间（world space），因为立方体的 Transform 是通过以（0, 0, 0）为原点的世界坐标系表示的。

现在我们知道立方体的 Transform 与世界坐标系中的（0, 0, 0）相关，我们来看一下用于描述局部空间的父子关系。在图 1.3 中，球体是立方体的子对象。球体的局部位置相对于立方体是（0, 1, 0）。有趣的是，如果你现在移动立方体，球体将跟着移动，因为它只会相对立方体偏移，并且球体的 Transform 相对于立方体一直是（0, 1, 0）。

图 1.3　世界空间与局部空间

1.1.2　矢量系统

从传统来讲，矢量是多个具有方向的元素的单位。在 3D 设置中，**Vector3** 看起来与我们目前使用的坐标系非常相似。（0, 0, 0）就是一个 **Vector3** 值！许多游戏元素和逻辑的解决方案中都会用到矢量。通常，开发人员会对矢量进行归一化，这样，其大小（magnitude）将始终等于 1。这使得开发人员可以非常轻松地处理数据，因为 0 是起点，0.5 是中点，1 是矢量的终点。

1.1.3　摄像机

摄像机是非常有用的组件，能够向我们传递视野，让玩家体验我们试图传达给他们的信息。如你所料，就像层级结构中的所有游戏对象（将在本章后面讲述）一样，摄像机也有一个 Transform。可以改变摄像机的几个参数来获得不同的视觉效果。

不同的游戏元素和类型用不同的方式使用摄像机。例如，《生化危机》游戏中使用静态摄像机给人一种紧张感，让玩家不知道窗外或拐角处有什么，而《古墓丽影》则在玩家的角色劳拉穿过洞穴时将摄像机拉近，给人一种近距离感和情感上的认知，在狭窄的空间里，她看起来不太高兴。

摄像机对于用户体验来说至关重要。花时间练习一下摄像机，然后学习构图的概念，可以最大限度地触动玩家体验时的情感。

1.1.4　面、边、顶点和网格

3D 对象由多个部分组成，如图 1.4 所示。绿色的点表示顶点，是相对于世界坐标系（0，0，0）的空间点位，每个对象都有一些顶点以及每个顶点对应的连接部分。

互相连接的两个顶点构成一条边，图中用红线表示。当三条或四条边相应连接成三角形或四边形时，就会形成一个面。四边形有时在未连接到其他面时称为平面。当所有这些部分都放在一起时，就形成了一个网格。

图 1.4　面、边、顶点和网格

1.1.5　材质、纹理和着色器

现在，你知道了所有 DCC 工具中的网格是由什么组成的，我们来看看 Unity 如何显示这个网格。在底层是一个着色器，着色器可以被看作一小段程序，它们有自己的语言并在 GPU 上运行，因此 Unity 可以在屏幕上渲染场景中的对象。你可以将着色器看作要创建的材质的大型模板。

再往上一层是材质，材质是着色器定义的要处理的一组属性，用于显示对象的外观。每种渲染管线都有单独的着色器：内置渲染管线、通用渲染管线（URP）和高清渲染管线。我们在本书中使用第二种——URP，它也是使用最广泛的。

图 1.5 所示是使用 URP 的标准光照（Standard Lit）着色器的材质示例。这个着色器可以操作表面选项（Surface Options）、表面输入（Surface Inputs）以及一些高级（Advanced）选项。现在我们来介绍一下基础贴图（Base Map），即 Surface Inputs 部分的第一项。Base Map 在这里指漫反射 / 反射率和着色的组合。漫反射 / 反射率用于定义应用到表面的基色，在本例中是白色。

如果把纹理放到 Base Map 上，不管是通过把纹理拖到 Base Map 框①标注的正方形上面，还是单击框②标注的蓝色圆圈，都可以在需要调整颜色时给表面着色。

图 1.6 展示了不同立方体的外观，它们分别是有颜色的、添加了纹理的、既添加了纹理又有颜色的。我们会循序渐进地讲解材质、着色器和纹理的更多功能。

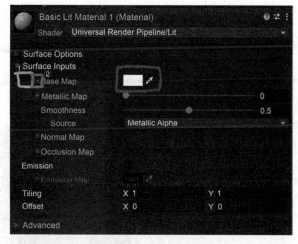

图 1.5　基础材质属性

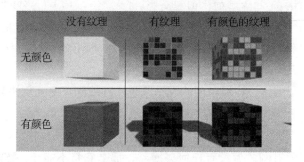

图 1.6　颜色和纹理

纹理可以为 3D 模型提供令人难以置信的细节。

创建纹理时，分辨率是一个重要考虑因素。对于分辨率，需要理解的第一部分内容是"2 的幂"这个尺寸。2 的幂可能是 2、4、8、16、32、64、128、256、512、1024、2048、4096 等。

这些数字代表像素的宽度和高度值。在某些情况下，你可能需要把宽和高放在一起，只要它们同为 2 的幂即可。比如：

- ❑ 256 × 256
- ❑ 1024 × 1024
- ❑ 256 × 1024（不太常见，但也是有效的数值）

关于分辨率的第二个考虑因素是分辨率的大小本身。确定分辨率最简单的方法是考虑 3D 对象在屏幕上会有多大。如果你的屏幕分辨率为 1920 × 1080，则表示 1920 像素宽乘以 1080 像素高。如果目标对象最多只占屏幕的 10% 并且很少会看到对象的细节，则可以考虑使用 256 × 256 的纹理。相比之下，如果你正在制作一个有情感的、人物角色驱动的游戏，角色的情绪和面部表情都很重要，那么可能需要在过场动画中使用 4096 × 4096 或 4K 的纹理，但只需要在面部使用即可。

1.1.6 刚体物理

Unity 假设所有游戏对象都不需要在每一帧均进行物理计算。Unity 使用 Nvidia 的 PhysX 引擎进行物理模拟。要想获得计算出的物理反馈，需要在游戏对象中添加一个刚体（Rigidbody）组件。

将 Rigidbody 组件添加到游戏对象中，就可以在检视器中添加一些属性到游戏对象上了，如图 1.7 所示。

一个 Unity 的单位质量（Mass）等于 1 kg。这个值会影响碰撞时的物理反应。阻力（Drag）单元会增加摩擦力，随着时间的推移降低速度。角度阻力（Angular Drag）与之类似，但只会影

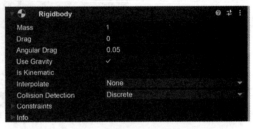

图 1.7　Rigidbody 组件

响旋转速度。使用重力（Use Gravity）可以开启或者关闭重力效果，值等于标准地球重力（0，–9.81，0），以使质量是有意义的！有时你可能不想使用地球重力，那么可以更改物理设置以设置是否使用重力。

第 7 章将详细介绍刚体，我们在创建人物角色、环境和可交互玩法时也会用到它。

1.1.7 碰撞检测

如果一个游戏对象有刚体但没有任何碰撞器，那么它将不能充分利用物理特性，并且在使用重力的情况下只会从世界空间坠落。Unity 有多个碰撞器可以使用，挑选符合你的游戏需求的即可。在图 1.8 中，你会发现有单独用于 2D 游戏的碰撞器。2D 环境与 3D 环境使用不同的物理系统。如果你的游戏中只使用 2D，要保证使用的是 2D 碰撞器。

你也可以向对象添加多个碰撞器（使用图 1.8 所示的这些基本选项），但请选择最适合游戏对象的形状的那些。通常会把一个空游

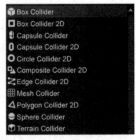

图 1.8　碰撞器组件选项

戏对象作为主对象的子对象，然后在子对象上附加碰撞器，这样可以方便地调整碰撞器的 Transform。我们将在第 4 章和第 5 章中具体实践。

1.2　Unity 界面

Unity 的界面分成几个主要组件，如图 1.9 所示，包括：场景组件（见框①），里面有游戏对象；检视器组件（见框②），用于修改这些游戏对象的属性的；项目窗口（见框③），里面有不是激活状态但是可以添加进场景中的对象；游戏视图（见框④）；包管理器（不在图 1.9 中）。

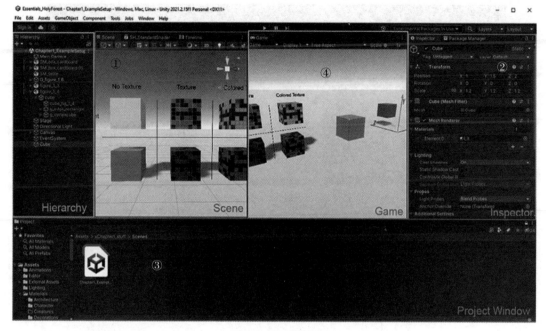

图 1.9　整个界面

1.2.1　场景视图和层级结构

场景视图和层级结构协同工作，层级结构决定了游戏运行时场景如何渲染。在场景视图中可以随时修改游戏对象和它们的值。此外，当编辑器处于运行模式时，游戏逻辑可以对层级结构中的游戏对象进行修改。

 如果是在运行模式下修改的游戏对象，包括在场景视图中所做的改动，那么在停止游戏后，游戏对象会恢复到运行之前的原始状态。

在图 1.10 中，可以直接看到很多信息。在左侧的层级结构中，可以看到场景中的游戏对象。这些游戏对象都有一个 Transform，表示它们在世界中的位置。如果双击或单击一个游戏对象，将鼠标放在场景视图中，然后按 F 键，就可以聚焦于这个游戏对象，让这个游戏对象处于场景视角的中心。

当选定一个游戏对象时，可以看到在对象的轴心点（通常是对象的中心）有一个彩色箭头样式的工具，使用这个箭头工具可以设置游戏对象在空间中的位置。还可以通过选择两个轴之间的小方块将对象放置在平面上。

在图 1.10 的右上角可以看到一个 Gizmo 相机。这个小工具可以让你轻松地将摄像机的视角定位到正面、侧面、顶部、底部，或者单击一下即可将其更改为等距摄像机或透视摄像机。

现在你已经学会了在场景或层级结构中单击鼠标左键选择游戏对象，你可能想要更改该游戏对象的一些属性或添加组件，这就是检视器发挥作用的地方。

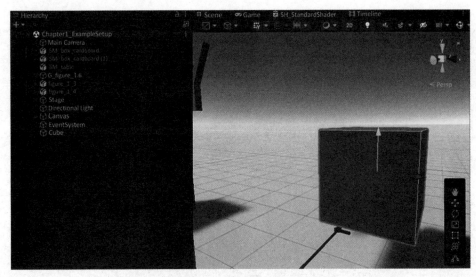

图 1.10 场景和层级

1.2.2 检视器

若想修改游戏对象的值，在场景视图或者层级结构中选中此游戏对象，检视器（Inspector）中就会列出此游戏对象可以修改的项，如图 1.11 所示。

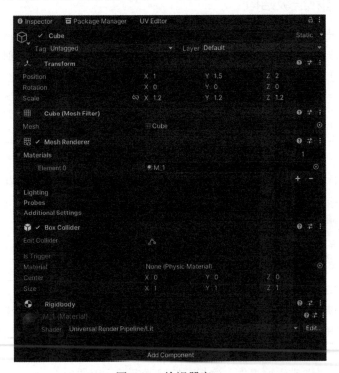

图 1.11 检视器窗口

图 1.11 中的检视器窗口显示大部分项已经有值了。顶部的名称是 Cube，左侧的蓝色立方体表示预制件数据类型。你可以通过单击名称正下方的 Open 按钮对预制件本身进行更改，这个操作会创建一个只显示预制件的新场景视图。当对预制件进行更改时，它将对任何场景中所有引用这个预制件的实例进行更改。

转换（Transform）组件显示场景中预制件的位置、旋转和缩放。

网格过滤器（Mesh Filter）组件显示组成这个多边形的顶点、边和面。

下面是网格渲染（Mesh Renderer）组件，它用于决定 Mesh Filter 组件中的风格如何渲染。我们可以在这里设置材质以及与游戏对象的特定光照和探测器相关的其他选项，在第 12 章中将进一步介绍。

再下面是碰撞器和刚体。这两个组件协同工作，让游戏对象可以有实时的物理特性。

我们已经讨论了很多场景中的游戏对象以及它们的属性，但如果它们只是被引用的对象，如何在场景之外找到它们？答案是项目窗口。

1.2.3　项目窗口

在这里会显示一些资源，这些资源会在场景中实例化或作为组件在构建游戏时使用。

被引用的游戏对象都在这个窗口中显示。图 1.12 所示的 **Assets** 文件夹中的所有对象实际上都保存在你的硬盘上。Unity 会生成包含这些对象的所有属性的元文件。

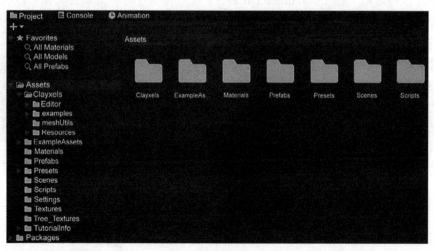

图 1.12　项目窗口

在项目（Project）窗口中保留原始文件的有用之处在于，你可以对某个对象进行更改，然后当专注于 Unity 项目（单击 Unity 应用）时，Unity 将重新调整元文件并重新加载场景中的对象。这可以帮你更快地迭代程序脚本和美术设计！

我们已经查看了场景中的游戏对象，通过修改 Transform 来放置它们，并且了解了游戏对象是从哪里引用的。现在我们应该看一下游戏视图以了解游戏本身了。

1.2.4　游戏视图

游戏视图（见图 1.13）与场景视图很像，并且它也遵循场景视图中的构建规则。除非你定义了其他用于渲染的摄像机，否则游戏视图会自动通过主摄像机渲染场景内容。

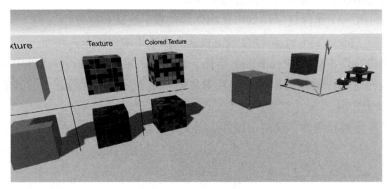

图 1.13　游戏视图

游戏视图与场景窗口顶部选项的不同。在左上角，我们可以看到展示（Display）下拉菜单，如果场景中有多个摄像机，可以在这里更换。屏幕分辨率在其右侧，用于查看游戏在某些设备上的显示效果。缩放（Scale）在屏幕分辨率的右边，用于快速调试窗口缩放的不同效果。运行时最大化（Maximize On Play）可以在运行时将窗口最大化，以利用全屏。

音频静音（Mute Audio）可以停止播放游戏音频。状态（Stats）可在游戏视图中提供一个小的统计概览，如图 1.14 所示。

在这个项目的后期优化过程中，我们将通过更深入的方式分析以查看可能导致游戏出问题的因素，包括内存用量及其他一些可优化的方面。

继续向右是小工具（Gizmos），这是游戏视图中的一组选项，你可能想要看到这些数据。在这个菜单中，你可以根据需要关闭或打开它们。

图 1.14　游戏统计

1.2.5　包管理器

你的 Unity ID 中会包括你从 Unity Asset Store 购买的软件包，还有你的硬盘或 GitHub 上的软件包。可以使用包管理器将包导入你的项目中。

可以在菜单 Window > Package Manager 下找到这些包，如图 1.15 所示。

打开包管理器后，首先会看到项目中的包。可以用左上角的下拉菜单查看 Unity 中的标准包或你在 Unity Asset

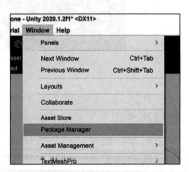

图 1.15　包管理器菜单

Store 中购买的软件包。

如图 1.16 所示，通过菜单选择 Unity 注册表（Unity Registry），你将看到一个免费的 Unity 测试包列表，这些包是 Unity 平台的一部分，可以按需使用。当你单击左侧的某个包时，可以通过右侧标有查看文档（View documentation）的链接阅读每个包的文档。

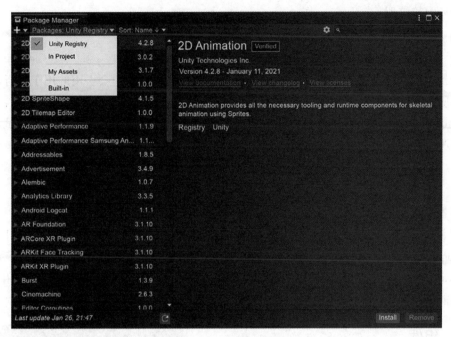

图 1.16　包管理器

如果在菜单中选择在项目中（In Project），你将看到当前加载的项目已经安装了哪些包，这可以用于卸载可能不需要的软件包。

我的资产（My Assets）可以显示你购买过的资源或你参与的项目，以及与你的 Unity ID 相关联的购买过的资源。

内置（Built-in）是可以用于任何项目的标准包。你可以根据需求启用或禁用内置包。了解这些包并禁用不需要的包，因为一个项目前期比较整洁的话可以减少后期的优化。

1.3　基本的 Unity 概念

在 1.1 节中，我们已经讨论了一些 Unity 概念。在这里会更详细地介绍其中一些概念，因为有一些内容你可能已经用过。Unity 非常注重游戏开发环境中各项内容的模块化。

1.3.1　资源

Unity 将每个文件都视为一个资源，包括 3D 模型、纹理文件、Sprite、粒子系统等。在你的项目中，将有一个 **Assets** 文件夹作为根文件夹来存放所有项目资源。这些资源可能是纹理、3D 模型、粒子系统、材质、着色器、动画、Sprite 等。随着我们向项目中添加更多内容，应该做好 **Assets** 文件夹的整理工作以应对文件数量的增长。强烈建议把文件夹结构保持得井井有条，这样你或你的团队就不会花太多时间去找一个不小心放在一个随机的文件夹中的纹理。

1.3.2　场景

场景中包含所有游戏逻辑、游戏对象、过场动画以及游戏中会引用的用于进行渲染或交互的所有其他内容。

场景也被用来削减游戏部分以减少加载时间。如果你每次加载游戏时都要尝试加载每一项资源，那将花费太多宝贵的游戏时间。

1.3.3　游戏对象

场景中引用的大多数资源都是游戏对象（GameObject，GO）。在某些情况下，一个资源只是游戏对象的一个组件。你会发现所有游戏对象都有一个共同点，即它们都具有 Transform 组件。正如我们在本章开头所讲到的，Transform 保存了局部位置、旋转和缩放。全局 Transform 是根据它们的层级结构计算出来的。游戏对象可以连接很多组件，用于脚本中的功能或数据，以增加游戏玩法的复杂性。

1.3.4　组件

游戏对象能够容纳"组件"的多个功能。每个组件都有自己独有的属性。你可以添加的组件有很多，如图 1.17 所示。

每个组件中都有更小的子组件。我们将在本书中讨论其中的一些组件。当你将资源添加到需要组件的场景层级结构中时，Unity 默认会添加这些子组件。一个例子是，当你将 3D 网格拖入层级结构时，游戏对象将自动将网格渲染器组件附加到这个对象上。

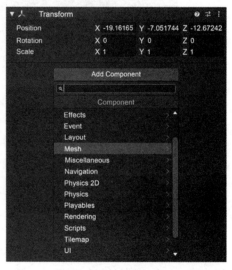

图 1.17　组件列表

1.3.5　脚本

经常在游戏对象上使用的组件是脚本。脚本将所有逻辑和玩法都构建到你的游戏对象上。无论是想改变颜色、跳跃方式、时间，还是收集物品，你都需要在对象的脚本中添加该逻辑。

在 Unity 中，主要的脚本语言是 C#。这是一种强类型编程语言，意味着必须为被操作的变量指定一个类型。

我们将以多种方式使用脚本。我知道你很希望能够直接进入编码阶段，但首先，我们需要进入其他 Unity 标准流程。

1.3.6　预制件

利用 Unity 的模块化和强大的面向对象特性，我们可以将一组在其组件上设置了默认值的游戏对象放在一起，这些游戏对象可以随时在场景中实例化并拥有自己的值。

图 1.18　层级结构中的预制件

要制作预制件，请将游戏对象从场景中的层级结构拖到资源浏览器中。Unity 将创建一个新的预制件，并将该游戏对象转换为新创建的预制件。它也会在层级结构中默认变为蓝色以突出显示，如图 1.18 所示。

1.3.7　包

要将模块化组件提升到一个全新的抽象高度，Unity 可以生成一个包含所有依赖项的包，将包导出，以便你可以将它们引入其他项目！更强大的是，你可以从 Unity Asset Store 将你的包卖给其他游戏开发者！

1.4　小结

在本章中，我们通过介绍一些入门知识为接下来的内容奠定了基础。对于 3D，我们学习了坐标系统、矢量、摄像机、3D 网格以及刚体物理和碰撞检测的基础知识。接下来，我们浏览了 Unity 界面：场景、层级结构、检视器和包管理器。在本章结束时，我们了解了一些基本的 Unity 概念，例如资源和游戏对象，然后是 C# 脚本和预制件的基础知识。

在下一章中，我们将讨论设计和原型制作的基础知识。你可以跟着我们在本书中建立对于项目的思考过程。通过学习本书，为你制作自己的项目奠定根基。

Chapter 2 | 第 2 章

设计和原型制作

现在我们已经了解了游戏开发的所有基本术语，并对 3D 空间有了更深入的了解，接下来将讨论游戏本身。在本书中，我们构建的是一个垂直切片（vertical slice）——游戏中的一个完整功能模块。在本章中，我们将进入项目启动的开始阶段。主题包括：

❑ 游戏设计基础。

❑ 第一个 Unity 项目。

❑ 原型制作。

首先，让我们从头开始，更详细地了解游戏设计的基础知识。花点时间阅读这部分内容，因为其中包含大量知识点，这些知识可以将你的游戏提升到一个新的水平。

2.1 游戏设计基础

游戏设计是一门出现不久的艺术。对于任何艺术，在探索之前都必须学习一些最基础的知识。我们将介绍开发人员喜欢在"文档"中记录他们想法的方式。然后，我们将从一个微型讲座开始，讨论每个决策应当如何尽可能细化。再然后，我们基于这些决策进行迭代。最后，我们将讲解概念设计。让我们从设计文档开始吧。

2.1.1 游戏设计文档

曾经有一段时间，我们团队在开发冲刺的两个周期之间有一些休息时间，所有人都想尝试新的项目工具。我们的项目管理使用的是 Atlassian 的套装（Jira、Confluence 等），但我们想看看还有没有更好的，所以我们看了其他几个软件，包括 Hack N'Plan、Trello、Notion 和其他几个工具。我们使用了所有这些工具，来看看一个冲刺结束后最终会使用哪些工具。最后，我们还是喜欢 Jira 的项目管理和任务分配功能，而对于其他功能，我们都喜欢 Miro。Miro 最终成为我们的概念设计板和设计 / 工作流程的头脑风暴工具。团队中的大多数人没有使用的工具会被抛弃。

无论你的游戏看起来多么小，都需要使用各种类型的文档。制作文档的背后有很强的组织原因，但最主要的原因是当我们将某些东西写在纸上或在协作空间中画出来时，往往会花一些时间认真地考虑其优点。这种思考停留有时被称为启发式设计，可以单独或合作完成。

一些设计师希望在文字处理器或在线协作工具中绘制出精美、大纲清晰的文档。好处是可以给出一个整洁的大纲并准确地编写每个细节。当游戏的功能边界变大时，效果很好。写作人员往往是技术写作人员，并且精通写作过程的艺术。方法是为游戏的任何部分提供任何人都可以在开发时参考的单一事实来源，但对于你或你的团队来说，达到这种程度可能不是最佳实践。

另一种选择是通过可协作的头脑风暴软件完成游戏设计文档。让用户以创造性的方式共同制作流程图、绘图和大纲。这种方式与前述的书面文档方法的策划形式完全相反，但服务于不同的需求。创意形式往往更有亲和力，更注重艺术设计，支持完成一些概念前的艺术草图，快速绘制流程图以提出关于游戏元素的问题，并且想法可以迅速地被丢弃或保留。这种设计方式不适用于大型团队，因为没有真正的组织。在这种情况下，新成员将很难融入。

这些方法都不是制作游戏设计文档的灵丹妙药，但请放心，你的团队需要某种文档来记录你的想法。想法在脑海中转瞬即逝，如果不保存下来，一些最好的想法就会溜走。与你的团队一起试验以找到最适合他们的方法。设计团队中有一句话：“最好的工具是你的团队实际使用的工具。”

我们已经研究了很多针对游戏设计文档的方法，并表明它们各有利弊。尽管没有一个完美的方法，但一个很好的起点应该是从更直观和协作的方法开始。如果你们在一起工作，这可能是一块带有便签的干擦板。可以在干擦板上写下非永久性的想法，而便签则是需要完成的任务。将它们放在“需要完成”的左侧，完成后将它们移到右侧。

建议你花一些时间看看我们为本书创建的 GitHub 仓库。我们在其中添加了一个 GDD images 文件夹，供你查看大量示例，以了解我们将在下一部分的章节中完成的工作。网址为 https://github.com/PacktPublishing/Unity-3D-Game-Development。

既然已经开始记录我们的游戏设计，就需要把我们的想法结合在一起，并做出经过深思熟虑的选择，使想法变成现实。

2.1.2　深思熟虑后的决定

尽管本章的这一部分可能比其他章节略短，但请将这一节牢记在心：成为一名设计师，意味着要打造一个有意义的沉浸式世界，即使它没有实现。玩家会以非常快的速度下意识地观察环境。玩家看到越多与游戏环境或角色不一致的部分，沉浸感就越容易被打破。解决破坏沉浸感问题的最佳方法是深思熟虑。

为了对此进行简单的解释，我们以门把手为例。你每天都看见它们，并凭直觉使用它们。但事实上，当你不得不使用一个设计不当的门把手时，就会打破现实生活中的沉浸感。如果你曾经试图抓住门把手向内拉，结果发现门原本应是向外推的，那么你就遇到了破坏沉浸感的问题。如果门被设计成只能朝一个方向移动，那么出口的正确设计应该是在门把手所在的地方放一块平板，让玩家知道这里可以推动。

每个关卡、网格、纹理、概念和感觉都需要经过深思熟虑并尝试实现。只有当你有充分的理由以某种方式放置某些东西而不屈服于陈词滥调之后，你才能探索其他独特的方面来构建真正独特的东西。

本书中你将参与制作和运行的项目都经过了我们长时间的思考。为了强调这一点，在每一部分中，你都会发现我们以简明的方式尽可能详尽地解答了一些问题。

2.1.3 迭代产品

游戏开发有一个有意思的沉浸感需求，这是游戏中的重点。要想使这种沉浸感尽量完整，开发团队需要持续地思考努力的方向是否正确。很多时候，你起初开发的游戏与最终看到的那个游戏并不一样，这个循环周期叫作迭代设计或者说产品迭代。

进行迭代设计时，有很多种模式，这里讨论的方法并不是完成设计工作的唯一路线，但可以作为一个好的起点，你的团队可以从这里开始，因为这种方法看起来还不错。

迭代需要在游戏开发中尽早地、经常性地进行，以便让游戏易于理解。这里有一个概念叫作 MVP（Minimum Viable Product，最小可用产品），开发者只制作最少的必要的游戏元素，让测试人员去测试游戏。这样会花费很少的时间，而且反馈是极其有用的。当把MVP 交给测试人员时，会有一些反馈信息是你和你的团队从未遇到过的，因为你们专注于产品本身。以开放的心态听取反馈，因为他们的体验在玩家中可能会很常见，我们要用心把游戏体验做好，以吸引尽可能多的玩家。反馈会推动你和你的团队在设计上进行迭代，可能会添加或者移除游戏机制，以响应测试人员的反馈。

在经过若干轮迭代解决了设计上的漏洞之后，可以进入游戏的垂直切片阶段（2.3.5 节会介绍）。这应该是你对运动基础和主要游戏机制感到满意的迭代。你的团队想要从头到尾制作一个完整的游戏循环，只包含一个关卡，关卡中包含输和赢的条件。然后，你猜对了，再次测试，这次测试让新的测试人员参与。问一些类似的问题，以及内部测试期间遇到的新问题。图 2.1 中给出了关卡设计中的迭代示例。

开发过程看起来应该是循环的，像这样：

1）思考和测试。

2）创建和测试。

3）更新和测试。

图 2.1　关卡设计中的迭代示例

　　然后，继续这个模式，经历多次迭代，直到产品可以交付。每一步中最重要的部分是测试。确保从测试中获取反馈，作为改进的重要参考。我们将从概念设计开始这个迭代周期。

2.1.4　概念设计

　　当你想要制作一款游戏，而且你的团队也准备好了，你可以从容地做出细化的决策，并且了解迭代的流程，那么你就可以开始概念设计了。

　　第一步是探索你和你的团队想让玩家体验怎样的情感。由于我们的艺术形式是年轻可塑的，因此可以任性地去追求这种情感效果。这也是游戏开发者的强大之处。当你确定了玩家要体验的情感之后，就可以开始思考如何把它创造成游戏体验了。

　　如果这种情感是恐惧感，那么你可以让玩家体验黑暗的空间，只有一把手电筒作为主要的防身工具。你可能会因此需要学习声音设计，并将其作为你的开发重点，因为视觉不是主要的体验工具。

　　如果这种情感是悲伤，那么可以通过叙事来实现，你在游戏中扮演一个孤儿，玩家在梦幻世界中通过情节驱动进行游戏。通过对色彩理论的深入理解以及从孤儿视角感受到的悲伤的阶段来推动故事情节和节奏起伏。

　　我们可以继续讨论概念设计，因为有无穷多的场景可以讨论（见图 2.2）。选择一个主要目标，然后不懈努力。然后，你可能想把其中一些想法写在纸上，从艺术视角了解一沉浸感是怎样的。可以是角色概念的轮廓，或是建筑结构的设计，还可以是你保存的一组图片，让玩家感觉到我们想唤起的情感，你可以从中获取灵感。

图 2.2 项目中使用的概念示例

无论哪种方式，重要的行动都是让想法从视觉上开始呈现。在你绘制了一些艺术展板，并且对如何构建视频有了直观的想法之后，就可以开始制作一个 Unity 项目了。

2.2 第一个 Unity 项目

你已经提出了一个想要开发的概念，现在我们要安装 Unity 并创建一个项目。为此，我们需要先安装 Unity Hub，然后选择一个版本，之后从一个模板开始创建项目。

2.2.1 Unity Hub

Unity Hub 是一个小应用程序，在这里可以集中显示你的所有项目和安装的 Unity 版本，以便访问。要安装 Unity Hub，你需要访问 unity.com 并创建一个 UnityID，然后创建一个账户，单击 Get Started 按钮。根据提示选择最符合你需求的选项和操作系统，下载并安装 Unity Hub，开始创作吧！

2.2.2　选择 Unity 版本

Unity 同时维护多个版本，包括 Alpha、Beta、Official 和 LTS。

Alpha 版本包含一些不完全或者没有完全测试过的试验功能，不推荐用于构建游戏，因为可能会导致构建漏洞。工作室和个人爱好者可以用这一版本来测试新的机制、引擎功能或者功能包，通常比正式版本早一个版本。Beta 版本与 Alpha 版本相似，但是 Beta 版本是最接近当前正式版本的试验版本。Official 版本，也就是正式版本是稳定的当前版本。LTS 是长期维护版本，即包含了漏洞修复的最终版本。

找到这些版本最简单的方法是使用 Unity Hub，可能如图 2.3 所示。

建议使用 LTS 版本作为生产版本。如果你的团队正在试验或者使用新的功能设计原型，那么只能在预览版本中使用。选择了项目要用的版本后，还要在创建新项目时从 Unity 的选项中选择一个模板。

然而，本书与版本无关，如果你在 2022 年之后购买了本书，那么本书仍然很有意义。屏幕截图中的 UI 可能会有轻微变化，但是不影响主要功能。

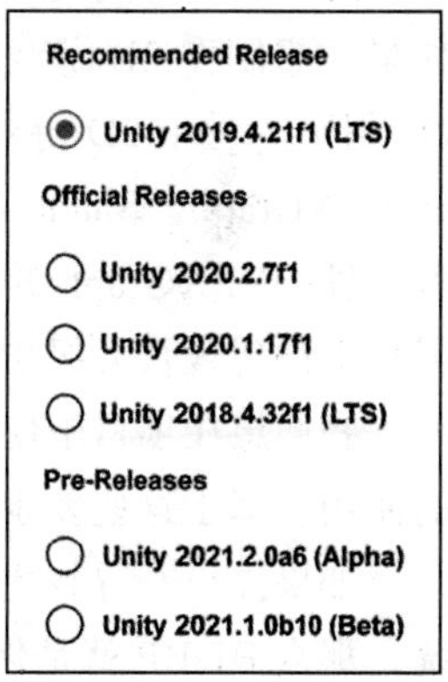

图 2.3　Unity 的版本列表

2.2.3　选择模板

当你按下 Projects 选项卡中的 New 按钮时，Unity 会提供一些模板供选择，包括 2D、3D、通用渲染管线（Universal Rendering Pipeline，URP）和高清渲染管线（High-Definition Rendering Pipeline，HDRP）。这些选项之间有很大的渲染差异，在你和你的团队所感兴趣的功能方面也会有所不同。当编写可编程渲染管线（Scriptable Rendering Pipeline，SRP）时，这些模板的差异就显现出来了。

2.2.4　程序化的渲染管线

渲染和计算机图形学是一门精细的学科，你可以在这个方向读到博士学位，因此我们将只浅谈渲染管线能做什么。管线的最上层包含三个任务：剔除（Culling）、渲染（Rendering）和后处理（Post-Processing）。在每一个类别中，多个任务按照特定的顺序并以特定的准确性执行。所有这些任务的主要功能是优化最终用户的视图以获得高帧率，并保持用户体验所需的艺术风格。

随着 SRP 出现，这些模板被划分为三个主要类别：内置（Built-In）、通用（Universal）

和高清（High Definition）。为了了解这三个模板，让我们将它们分组并进一步探讨。对于我们的项目，将使用通用渲染管线，因为我们将利用这种渲染管线的几项功能。

1. 内置渲染管线

这是一个不使用可编程脚本的老管线。有很多应用程序可以用于内置渲染器。2D 和 3D 模板运行的都是内置渲染系统。这也是在 SRP 出现之前资源商店中大部分资源的使用标准。你可以认为内置渲染管线是 Unity 中的基本体验。你不想使用内置渲染器的原因可能有多种。如果你希望使用体积光照（volumetric lighting）、GPU 粒子或光线追踪，你可能需要查看下面的可编程脚本的渲染管线。

2. 通用渲染管线

这个命名很贴切，因为它具有很多可用功能，并且是一个可以编写脚本的渲染管线。如果你想制作 2D 游戏，这是最佳选择，因为它具有内置的像素完美级的渲染、2D 光照和 2D 阴影。对于 3D 游戏，这也是一个很棒的选择。URP 和 HDRP 都可以使用 ShaderGraph 和 VFXGraph。ShaderGraph 是一个可视化着色器创建工具，允许以可视化方式编写复杂的着色器。VFXGraph 的主要功能是成为一个专注于 GPU 粒子的粒子系统，让你可以同时在屏幕上创建数百万级别的粒子以获得惊人的视觉效果。

我们想在项目中使用基于 GPU 的粒子，可以用 VFXGraph 处理粒子和演示 ShaderGraph 的使用。基于这些要求，我们选择使用 URP 作为渲染管线。

如果你正在寻找更多具有光线追踪和体积云（volumetric cloud）的物理级精确的渲染系统，那么 HDRP 就是你要找的。

3. 高清渲染管线

这个渲染管线有一个主要作用：在尽可能优化的同时提供最好的输出效果。是否使用 HDRP 是一个广泛讨论的话题。选择 HDRP 有几个主要原因。如果你正在寻找包括基于物理的天空中的云层、体积云、多方向的光照、高度可定制的阴影选项和光线追踪，想要实现光线追踪反射、体积光效果以及多个高级着色器等特性的输出时，则可以选择它。还有许多只有 HDRP 能提供的其他高级渲染选项。这些概念是计算机图形世界中的深层主题，请你查看这些概念以了解实时渲染的趋势。

2.3 原型制作

现在你已经有了一个项目，可以开始把创建游戏要用到的资源组合在一起。在本书中，我们已经研究了将如何构建这个游戏，所以我们把主要的知识点拆分成多个章节。原型设计可以用多种方式进行，我们不会使用所有的方式，每个工作室都有自己的创作习惯。我们将讨论行业中普遍存在的主流模式。基于迭代模式把任务的生命周期拆分开，这需要用一个循环来去除杂质。周期中包括分析、设计、实现和测试，然后不断迭代，直到达成。

原型设计阶段也要经历这些步骤。查看对于你和你的团队在构建游戏时有意义的每一部分。

2.3.1　在线框图或纸上创作

在这种形式的原型设计中，创作者将视频游戏分解成物理或数字系统中的各个阶段，以便玩家感受你的游戏中的每一帧或者每种体验。有时这个环节可以通过创建一个白纸板游戏来演示规则。还有些时候，这个环节可能会通过用户界面使用数字化方式绘制游戏线框图，以直观地呈现游戏体验。

2.3.2　灰盒

这个名字就是你想的那个意思！一堆没有纹理的形状，通常是一些灰色的盒子。它们勾勒出一些环境，以确保轮廓中的故事情节是可定义的。如果你需要非常直接的摄像机角度来显示，并且不放置环境资源，那么此版本的原型设计就特别有用。这在概念艺术的设计中也很有用，因为你可以把构图发给概念艺术设计师以加快流程。

从图 2.4 中，你会发现概念艺术设计师如何在这些灰盒上进行绘制，以得到一个渲染后的概念，以便在这个环境空间中得到更多的设计想法，即使这样会改变这个环境，因为这个环境之前是一个用于开始设计的快速原型。

图 2.4　项目中的灰盒示例

这样可以为我们提供足够的细节来进行概念验证，我们接下来会讨论。

2.3.3 概念验证

这个名称非常准确，这是让你的测试变得非常具体的环节。你可能需要优化摄像机，以获取对游戏玩法更具体的感觉。如果你有一个团队，这个环节可能会有几次内部迭代，并且需要多个人进行验证。

图 2.5 展示了一些建筑结构的迭代。我们从一个简单的拱门开始，一开始就感觉还不错，当把它放进关卡时，我们有更多时间思考这个拱门的样式，并为拱门添加更多吸引人的部分。这是一个有用的概念，可以帮助你在开始阶段就对游戏资源进行更好的优化。要得到 MVP，你需要不断努力！

图 2.5 游戏资源的迭代案例

2.3.4 最小可用产品

顾名思义，最小可用产品（MVP）是一个删减版的游戏。比如在平台障碍中，必须有跳跃操作。也许你在游戏中还设置了弧线运动的机制，不论项目预算有多少这个功能都不会被删减。你不需要对艺术资源甚至动画进行润色。MVP 的目的是证明玩法的功能是在可接受的范围内，以确保构建在此 MVP 基础之上的任何内容都能正常运行。

2.3.5　垂直切片

有时候你有一个好的想法，关于艺术方面的，或者游戏机制方面的，抑或游戏情节方面的，但是需要收集一些反馈或者投资。垂直切片是从游戏中截取一个非常小的片段进行打磨，然后生成对最终产品的宣传效果和体验传达。Demo（小样）的概念垂直切片的类似。它比 MVP 更复杂，因为这里需要一层对艺术、动画、机制、光照等的打磨，而 MVP 是不需要这些的，垂直切片需要花费大量时间，就像理解最终产品一样，而且可能在 MVP 出来之前还没有完成。

这种模式的原型设计是本书中用于我们项目的最佳实践。我们正在开发游戏的一小部分，以便能更好地理解整个游戏会是什么样的。这是我们的最佳选择。

当制作原型时，你需要仔细检查你的游戏中的这些方面，以便发现最合适的玩法。你可能不需要所有的垂直切片，垂直切片在不同的开发项目组中差异很大。

2.4　小结

在本章中，我们讨论了一些深层次话题：游戏设计，在第一个项目中如何选择选项，以及原型设计的基础。我们还讨论了你和你的团队如何在一个 Word 文档中协作，或者用更可视化的流程图来融合你的游戏。这样做是为了让你的想法变成现实。在完成这些之后，你应该钻研你的第一个 Unity 项目，选择模板并使用遵循你的游戏概念的特效，比如 GPU 粒子。最后，我们介绍了原型设计，以启动项目，并了解这个原型是否能向用户传达你的想法。

在下一章中，我们将开始学习编程，帮助你实现你的游戏创意。

编程

欢迎来到第 3 章！

本章将介绍 C# 的基础知识以及如何在 Unity 中使用 C#。我们将复习大多数项目所需的主要编程知识。当我们在后续的各章中编写脚本时，本章内容可以作为参考。首先需要确保你的计算机已经安装好了 Unity 的编程环境，然后进入编程的基础知识。

3.1 搭建环境

编程环境具体来说指的是你将要用到的集成开发环境（IDE），以及相关的一些依赖。C# 是微软的 .NET Framework 的一部分，需要在计算机上进行安装。幸运的是，很多 IDE 都会帮我们安装。甚至更幸运的是，可以在 Unity Hub 中勾选 Visual Studio，这样就可以直接用 Visual Studio 写代码了！让我们通过一些步骤了解如何安装开发环境。

微软的 Visual Studio 社区版是免费的，可以直接与 Unity 互通，并且附带了一些工具可以让你立即开工。这就如同你把手伸进汽车的发动机舱准备干活的时候，就立即有人递给了你合适的工具。

还有一些步骤来保证各个应用程序之间可以互相协作。我们一起来探索吧，这样在学习本书的其余章节时我们也可以保持思路一致。我们会以小的代码段开始。无须过多准备，直接开始吧！

首先使用搜索引擎找到 Unity Hub 的官网链接并下载安装，安装完 Unity Hub 后，再在 Unity Hub 中选择一个 Unity 版本并安装。第 2 章中解释过 Unity 的版本，我们建议使用最新的 LTS（长期支持）版本。如果在安装 Unity 时还没有安装 Visual Studio，在 Unity Hub 中会出现一个选项让你选择安装并预配置。如图 3.1 所示，你会发现我们已经安装了 Visual

Studio，如果你没有安装，会提示你勾选，然后就可以安装了。

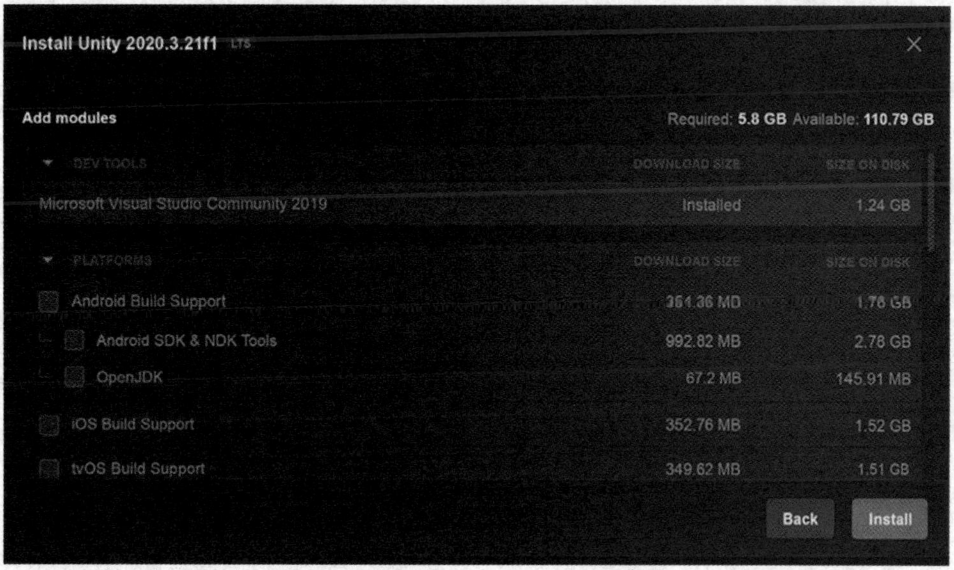

图 3.1　用 Unity Hub 安装 Unity

如果你之前没有安装 Visual Studio，那么这个步骤会帮你配置好 Unity 与 Visual Studio。如果已经安装了 Visual Studio，那么你需要检查并确认二者之间是否已经连通。我们来试一下。

首先，关闭 Visual Studio，然后打开我们在第 2 章创建的 Unity 项目。在 Unity 中找到连接 Visual Studio 的菜单：

macOS：Unity（在屏幕左上角）→ Preferences → External Tools。

Windows: Edit → Preferences → External Tools。

在外部工具的下拉选项中，选择 Visual Studio，然后在项目窗口的 Assets 文件夹中的灰色空白处右击，如图 3.2 所示，选择 Create → C# Script 创建脚本，将其命名为 ScriptingLesson 并双击打开，此时应该会从 Unity 打开 Visual Studio，这意味着 Visual Studio 可以读取项目文件，而 Unity 可以随时更新代码。

现在就可以开始编写脚本了！在下一节中，我们将学习一些基础知识，这些知识会在以后的项目中用到，所以要做好笔记，随时回顾参考。

在学习之前，我们想明确一点，代码刚开始会很难驾驭。你的代码可能会因为少了一个分号而无法运行，初学者经常会遇到这种情况，不用担心，我们把所有脚本都保存在了项目中，以便重新开始。但是，为了保证代码的可读性，我们添加了大量的注释，这可能会导致章节中的代码行号与实际的代码行号不同。我们会尽量保证书中行号的准确性，但有时单行注释还是会导致这个问题。别太在意，因为注释能帮助我们理解代码逻辑，比行号的准确性更重要。

图 3.2　在编辑器中创建 C# 脚本

3.2　基础知识

安装 Visual Studio 并连接到 Unity 的编辑器后，我们应该复习一下基础知识。在本节中，我们将讨论变量、数据类型、程序逻辑和方法等。这部分的知识点很多，不过都是用于参考的。如果你有便利贴，最好将它放在本章，以便随时参考。当你打开文件时，会有自动填充的这里暂时不需要的 C# 代码。删除多余的部分，使其看起来像这样：

```csharp
using UnityEngine;

public class ScriptingLesson : MonoBehaviour
{
// Data and Variables
// Logic and Flow
// Methods
}
```

此处的代码做了两项基本工作，第 1 行叫作 "using 指令"，引入了 **UnityEngine** 类库，这样就可以使用类库中的命名空间。在 **UnityEngine** 命名空间中，我们可以访问所有的游戏对象类型，比如 GameObject，因为我们将要在编辑器中使用这个游戏对象，所以应当在代码中使用这个命名空间。

第 2 行是一个名为 `ScriptingLesson` 的类，继承于 `MonoBehaviour` 类，继承是面向对象编程（OOP）的一部分。这个类之所以需要继承于 `MonoBehaviour` 类，是因为它在游戏中直接操作游戏对象。在 3.2.3 节我们将解释如何利用父类 `MonoBehaviour`。

符号 `//` 的意思是注释，该符号之后的任何文字都不会被 IDE 编译。你可以使用伪代码来帮助自己理解，或者添加一些文字帮助其他人看懂你的代码。我们用注释来组织代码结构。

修改脚本后，可以用快捷键 Command + S（Mac）或者 Ctrl + S（Windows）来保存。如果你回到 Unity 编辑器，会发现 Unity 会编译这个脚本，每次我们对脚本做了大的改动后，可以回到 Unity 编辑器查看效果。有时 Unity 编辑器不会像我们期待的那样工作，但 Visual Studio 并不会收到 Unity 编辑器的警告或报错。

在场景（Scene）窗口添加一个空的游戏对象，将其命名为 `ScriptingLesson`，然后选中它。在检视器（Inspector）窗口中单击添加组件（Add Component），在搜索栏中输入 `ScriptingLesson`。单击脚本，把它添加到空的游戏对象上。还有一种添加组件的方法。如果你已经选中了 `ScriptingLesson` 脚本，可以把它拖到游戏对象上。这两种方法都很常用。在小型的项目中，拖动脚本更常用。当脚本多起来时，你需要准确地知道找哪个脚本，使用 Add Component 按钮输入脚本名称来添加就会更方便。当修改脚本后，你可以在游戏对象上看到效果。

在介绍数据类型之前，我们需要先讨论一下变量。

3.2.1　变量

就像在代数中一样，变量是有名字的数据容器。C# 是一种强类型编程语言，这意味着所有变量在声明时都需要有一个数据类型。下面会详细介绍一些如何给变量命名以及在某些场景下应该选择什么数据类型的参考策略。命名约定是大小写敏感的，而且每种类型的命名都有自己的一套需要遵循的规则。

3.2.2　数据类型

在 C# 中可以使用 10 种 Unity 数据类型，但是在 Unity 中，我们只需要了解 5 种基础的数据类型：bool、int、float、string、GameObject。我们会在 `ScriptingLesson.cs` 脚本文件中创建这几种数据类型。

1. bool 类型

也就是布尔数据类型，用于表示真或假的变量。这类变量也可以用 1（真）或 0（假）来表示。

例如，当角色进入一个不应该触发某个内容（比如一个尖刺陷阱）的区域时，就可以用这个变量。

在第 5 行添加代码：

```
public bool isActive;
```

这一行代码由四个具有不同功能的部分组成：
- ❑ `public` 允许 Unity 在编辑器范围内访问这个变量；
- ❑ `bool` 表示数据类型；
- ❑ `isActive` 是变量名称，它将会有一个默认值 `false`；
- ❑ 英文分号（;）用于结束这一行代码。

如果你保存了脚本，然后回到 Unity 编辑器，会发现检视器中出现一个复选框，名称是 Is Active，如图 3.3 所示。

图 3.3　Is Active 复选框

2. int 类型

int 类型即整型，表示整数，比如 1、100、200、–234 671 或者 0，不能含有小数点。当你有一个离散的值需要加或者减时，就会用到 int 类型。在游戏中获得了多少分值，就是一个非常适合使用整型的场景。

在第 6 行添加代码：

```
public int myInt;
```

与 bool 的例子很像，把 `myInt` 的可见性声明成 `public`，类型是 `int`，保存脚本并回到 Unity 编辑器时，你会发现 `myInt` 的变量右边有一个文本输入框，因为是整型，所以不能输入小数点，只能输入整数。

3. float 类型

你可能会问，有小数点的数字怎么办？答案是使用 float 类型，也就是浮点型。使用 float 类型可以表示类似 1.3 或者 100.454 等小数。

浮点型有一个特别之处：当你编写脚本时，必须在数值的最后加一个小写的 `f`，以便编译器知道这是浮点值。C# 默认任何不带 `f` 的数值是 double 类型的。我们这里不会在脚本中使用 double 类型，所以要记得在数值后面加一个 `f`。

在第 7 行添加代码：

```
public float myFloat = 3.14;
```

当输入代码的时候，在 **3.14** 下面会出现红线，对吗？如果你把鼠标移到红线上，会看到错误提示，如图 3.4 所示。

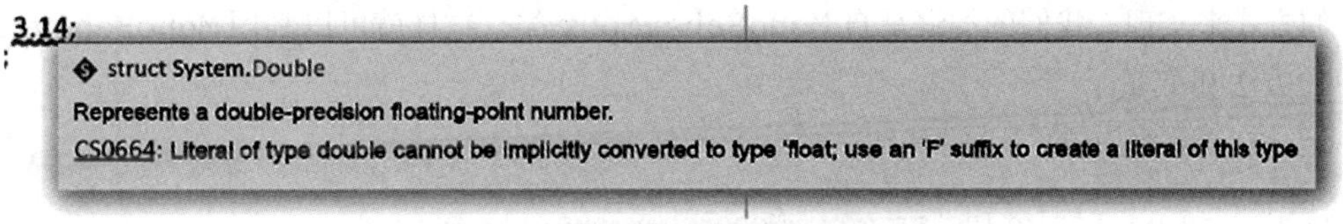

```
3.14;

◆ struct System.Double
Represents a double-precision floating-point number.
CS0664: Literal of type double cannot be implicitly converted to type 'float'; use an 'F' suffix to create a literal of this type
```

图 3.4　CS0664 显示的错误

Visual Studio 尝试告诉你，你输入的代码可能会被视为 double 类型，所以我们改一下代码。

把第 7 行改成：

```
public float myFloat = 3.14f;
```

这样就可以了。我们声明并初始化了一个 float 类型，名称是 `myFloat`，初始值是 **3.14**。float 类型的默认值是 0，但是当你赋值给它时，IDE 会用你的值覆盖默认值。回到 Unity 编辑器，看一下检视器，你会发现值已经是 **3.14**。

4. string 类型

前面一直在说数字，现在要说一下字母了。字符串变量（即 string 类型）保存字母的值，比如角色的名字。

在第 8 行添加代码：

```
public string mystring = "Myvari";
```

你可以添加更多字母，有意思的是这些 `public` 值的输入看起来很像，所以我们要保证变量名不同。

5. GameObject

这是一个有意思的数据类型，是 Unity 专属的。它是你在场景或预制件中放置的游戏对象的引用。它非常强大，因为我们可以通过脚本访问游戏对象，然后做很多事情。

在第 9 行添加代码：

```
public GameObject myGameObject;
```

保存代码，回到 Unity 编辑器，你会发现没有出现输入栏，而是出现了一个游戏对象。在我们的场景中，有一个方向光，我们把光从层级结构中拖进游戏对象的槽中，现在就引用了场景中的方向光游戏对象。我们可以继续学习程序逻辑，来看看可以用变量做什么。

3.2.3　程序逻辑

我们创建了一些变量，并且也赋了值，问题是还没有把这些变量利用起来。为什么不从在脚本中写点逻辑代码来利用这些变量开始呢？为此，我们先来了解一下 **if 语句**和 **while 循环**。

在开始写逻辑代码之前，先把 **MonoBehaviour** 添加到我们的类中，这要使用一种叫作继承的方式来实现。我们的类继承自 **MonoBehaviour** 类，这样就可以利用 **MonoBehaviour** 类中的方法和变量了。

记住在线示例中的第 3 行代码：

```
public class ScriptingLesson : MonoBehaviour
```

通过在类名之后添加 **MonoBehaviour** 来实现继承，现在我们就可以访问 **MonoBehaviour** 类中的所有公共方法了。这里先只使用继承于 **MonoBehaviour** 类的 **Start()** 和 **Update()** 方法。

1. if 语句

我们现在写一些简单的代码，根据之前定义的 bool 类型的变量 **isActive** 的状态值来禁用 **GameObject**。我们需要在 **MonoBehaviour** 类的 **Update()** 方法中检查 **isActive** 的值。

从第 13 行开始，我们做了以下修改：

```
private void Start()
{
    isActive = true;
}

private void Update()
{
        if (myGameObject != null)
        {
            if (isActive)
            {
                myGameObject.SetActive(isActive);
            }
            else
            {
                myGameObject.SetActive(isActive);
            }
        }
}
```

在 **MonoBehaviour** 类的 **Start()** 方法中，我们把 **isActive** 的值设置成 **true**，这里的代码会将 **isActive** 的值设置为 bool 类型，与 Unity 编辑器中的设置无关。

之后，**MonoBehaviour** 类的 **Update()** 方法会在每一帧中检查花括号中所有代码的值。首先要检查游戏对象的值不为 **null**，这是一个有效性验证，**null** 是一个特殊的关键字，代表缺少类型或数据。如果你不做这项检查，Unity 编辑器可能会报 null 异常，导致不能运行。比如，如果公共的游戏对象没有在检视器中赋值，就会抛出 null 异常，因为 GameObject 为 null。

在有效性检查逻辑中，有一个 if/else 语句，其作用是：当 isActive 的值为 true 时，就把 myGameObject 设置成可用，否则设置成不可用。

保存代码并运行，你可以选中名称为 ScriptingLesson 的游戏对象，然后反选 isActive，光照就会关闭。因为每一帧都会检查 isActive 的值，你可以一直来回勾选和反选 isActive 的值，直到你满意为止。

在学习 while 循环之前，我们想要重构一下上面的代码，这也是我们学习的好机会。回顾一下 if 语句的语法，我们可以进一步优化。我们在每一帧都运行了检查，所以这里不需要 if 语句，因为我们已经有 bool 变量去比较了。你可以用下面的代码重构，以节省计算时间：

```
private void Update()
{
        if (myGameObject != null)
        {
            myGameObject.SetActive(isActive);
        }
}
```

这些代码的意思是，在每一帧中，如果 myGameObject 不为 null，就根据这个 bool 变量的值来设置对象的可用状态为 true 或者 false。我们不需要检查是 true 还是 false，因为数据只有两个状态，现在看起来好多了！

接下来我们来学习 while 循环语句吧。

2. while 循环

if 语句是一个简单的分支模式，根据 true 或者 false 来选择执行什么逻辑。而 while 循环用于持续运行代码逻辑，直到符合或者不符合某个条件才结束。这可能会出现问题，你可以想象一下，有些任务可能会永远运行下去，这叫作无限循环，可能导致程序无限挂起，直到被强行结束。多数时候，我们可以快速使用有限循环，它们一般不会引起太大麻烦，我们需要注意在写 while 循环时的退出条件。

在第 32 行的 Update() 方法中添加这些代码：

```
while (MyInt > 0)
    {
        Debug.Log($"MyInt should be less than zero. It's currently at:
{MyInt}");
        MyInt--;
    }
```

在 while 循环中，我们还做了一些其他事情，输出 Debug 日志、字符串插值和一个自减器，我们逐个来讨论。

（1）Debug 日志

可以向 `Debug.Log` 输入一个字符串，然后在 Unity 编辑器的控制台可以看到输出的结果。在遇到问题时，如果想在控制台查看运行时信息，这就会非常有用。

（2）字符串插值

在日志中，我们执行了一个叫作字符串插值的操作。这是一个非常有用的方法，它可以帮助我们把变量插入一个字符串，以 $ 符号开头，跟着一对双引号，里面是想要输出的字符串。这是一个包含空格的字符串，重点是字符串中还有一对花括号 {}，如果把变量名放在花括号中，那么在控制台可以看到变量的值。在上面的 while 循环中，你可以在 `Debug` 那行看到这个操作。

（3）自减器

下面一行是一个自减器，这是一种高效的实现方式：

```
MyInt = Myint - 1;
```

如果你保存并运行，控制台中什么都没有，因为我们没有对 MyInt 做任何事情，所以它的默认值是 0。而 while 循环不会运行，因为 `MyInt` 不大于 0。下面改一下代码。

在第 16 行，加上这一句：

```
MyInt = 10;
```

保存并运行，现在你观察控制台会发现 `MyInt` 快速地减为 0 了，并且打印出了现在的值。如果你查看检视器，会发现 `MyInt` 的值也是 0。

3. for 循环

像 while 循环一样，for 循环也是在一组元素上进行迭代，在迭代次数已知的情况下，for 循环比较常用。我们用一个简单的 for 循环来展示它的语法，并且做讲解。

首先，我们注释掉第 35 行，因为我们不能用 while 循环扰乱 for 循环的代码。

然后，在第 39 行添加下面的代码：

```
for (int i = 0; i < 10; i++)
    {
        Debug.Log($"For Loop number: {i}");
    }
```

for 循环可能更常用，不过我们要解释一下为什么选择某一种循环。

4. 选择 for 循环还是 while 循环

for 循环和 while 循环在功能上是相似的，都是用于在元素集上进行迭代，但用哪一个并没有固定的规则。从技术上来讲，它们是可以互换的，但是在可读性上有细微差别。for

循环用于遍历读取一个元素集，不需要知道元素的数量。例如有一组游戏对象数据，如果你需要遍历所有游戏对象然后执行相应的逻辑，那么不需要写出游戏对象的数量就可以遍历，因为这个集合已经有长度值，你可以用这个长度值进行遍历，我们将在第 6 章中介绍。

　　与 for 循环的不同是，while 循环是这样写的：只要条件为真，就一直做某一件事，而不关心需要遍历多少数据项，因为它只关心循环条件。while 循环有一个固有的无限循环的问题，如果你不能 100% 理解你的循环，或者在执行条件中错误地使用了符号（比如将 > 用成了 <），那么就会导致无限循环，while 循环没有 for 循环那么常用，但是在编程中还是很重要的。

3.2.4　方法

　　如果说逻辑是编程的黄油，那么方法就是编程的面包。方法的目的是以简洁的方式执行一个动作。一个简单的例子是，计算器的一个基本功能是加法运算，要执行这个功能，我们要创建三个东西：进行加法运算的公共变量、触发方法的方式，以及方法本身。我们决定将 InputSystem 用于所有的输入值。要运行起来，需要学习一些新的概念。之前我们在某些特定行插入了代码，现在要在特定部分插入代码。

　　在最顶上，我们需要让程序知道要使用 InputSystem，所以要添加一个 using 语句：

```
using UnityEngine;
using UnityEngine.InputSystem;
```

在声明变量的部分，添加这些代码：

```
public int addA;
public int addB;
public int totalAdd;
private InputAction testInput = new InputAction("test", binding:
"<Keyboard>/b");
```

　　我们把变量声明成公共的，这样可以在运行方法时修改它们的值。InputSystem 是私有的，因为它不需要用于其他脚本。写代码时仔细思考是一个好习惯。如果变量的值不需要从另一个脚本改变，那就声明成私有的。虽然在小型项目中这可能不会产生不利影响，但是在项目变大时可能会引发冲突。我们在一开始就应该让代码保持整洁。

　　InputSystem 需要在值输入时发送事件通知，在不使用时可以关闭。

　　我们要创建两个源自 MonoBehaviour 的方法：OnEnable 和 OnDisable。

```
private void OnEnable()
    {
        testInput.performed += OnTestInput;
        testInput.Enable();
```

```
    }

private void OnDisable()
    {
        testInput.performed -= OnTestInput;
        testInput.Disable();
    }
```

这些方法在程序运行时会自动地被调用。**OnEnable** 是初始化过程中 **Awake** 之后执行的方法。不用担心内容有点多，我们还会从不同的视角多次讲解这些方法。

现在，这些方法出现在这里的原因是，当 **testInput** 被执行时，添加 **OnTestInput** 方法。我们把字母 B 绑定到变量部分的输入，现在添加当按下 B 键时要执行的方法。

在 **Update()** 方法之外添加该方法：

```
private int IntAdd(int a, int b)
{
    totalAdd = a + b;
    return totalAdd;
}
```

这个方法是私有的，意思是在类之外，我们不能访问这个方法。方法名是 **intAdd**，会返回一个整型的值。方法名之后的小括号内是方法的参数，这里有 a 和 b 两个参数，我们需要定义它们的数据类型和名称。当执行这个方法时，方法会把两个整型值赋给 a 和 b，把 **totalAdd** 作为等号的另一边，这样进一步调试时可以在检视器或者控制台窗口中看到值的变化。

要把这些串起来，需要创建一个 **OnTestInput** 方法，这个方法中有一些新的术语，但是在这里，我们只是为了测试简单的按键功能。在本书后面的部分，我们会在输入部分引入更多的逻辑。在代码初期就配置好输入系统，可以让我们快速地迭代以及扩展新的输入结构，比如控制器。

在 **intAdd** 下面创建一个新方法：

```
private void OnTestInput(InputAction.CallbackContext actionContext)
    {
        // If the action was performed (pressed) this frame
        if (actionContext.performed)
        {
            Debug.Log(IntAdd(addA, addB));
        }
    }
```

这里的奇妙之处是，这个方法被挂在脚本中 `testInput` 的 `performed` 逻辑之后。这个脚本会在输入被赋值时调用。此时，我们只运行简单的逻辑，以便在执行 `actionContext` 时，调试窗口能输出日志。

在这种情况下，当方法被调用时，`performed` 的值会是 `true`。如果需要其他逻辑，比如技能尚未冷却，我们可以告诉用户不能使用这个技能。这是一个非常强大的系统，可以让程序非常健壮。

回到 Unity 编辑器，单击层级中的脚本，然后在检视器中给 `addA` 和 `addB` 添加值。运行游戏，按 B 键，你会发现 `totalAdd` 的值也发生了变化，并且在控制台输出窗口也会输出相应的值。

3.3 小结

这可能是你第一次阅读关于编程的内容，通过这些小的例子可以让你打下良好的基础。你需要花点时间来完全理解本章的内容，因为这些知识点是后面章节的基础。我们将在后续的编程中使用所有这些知识，包括添加新的类库和不同的类实现，这些都是编程的基础。如果你还没完全理解，找到 GitHub 上本章用到的完整脚本，参考这些脚本可以帮助你理解。

本章也是本书最后的基础部分，后面我们将开始介绍更高级的内容。第二部分会用到前面学到的所有知识点，并解答更多关于构建原型设计的问题，还会展示 Unity 编辑器如何帮助你尽可能更简单地构建游戏。让我们继续学习如何构建游戏角色，然后融合一些本章的编程技能，通过输入让 Myvari 动起来。

第二部分 *Part 2*

构　建

Chapter 4　第 4 章

游戏角色

在第 2 章中，我们说过本书将使用垂直切片方法作为示范。垂直切片项目是简化版的游戏，相当于是一个演示，但它包含游戏的所有主要机制，只是形式更简单。它旨在为投资者提供一个强有力的例子，说明完整的游戏体验是怎样的。我们通过展示角色的行为来吸引玩家，然后通过环境解谜驱动的机制进入故事的一小部分，同时了解主角的过去。

我们将从与主角相关的概念开始，然后对角色进行建模，并通过研究角色的机制和动作做一些我们认为合适的更改。我们将为它们制作一个绑定（rig），以便为它们制作动画。在此之后，我们将把角色放入 Unity 并测试在引擎中移动它们的感觉。本章将包含大量信息，我们将讨论许多不同的制作概念来创建角色并让它们正常移动，包括：

❑ 设计和概念。

❑ 绑定。

❑ 角色控制器。

❑ 编写角色的动作脚本。

让我们从小故事的主角 Myvari 的构思阶段开始。

4.1　设计和概念

要塑造一个游戏角色，可以有多个维度。我们要确保这个垂直切片的主人公 Myvari 尽可能有血有肉。最好的方法之一就是针对角色的各个方面都问一下"为什么"。

4.1.1　提问

我们正在构建一款基于冒险的益智游戏。想到的第一个问题是：这个角色为什么要参与这次冒险？在游戏中，我们以这种方式回答这个问题："她正在探寻她的种族过去是怎样的，这未曾在流传的故事或她读过的书中提及。"现在我们已经解答了一些问题，但是还有更多的问题。

要想解答由最初问题引出的其他问题，请查看下面的问题列表：

❑ 她是什么种族？为什么这对故事情节很重要？

❑ 为什么是女性？

❑ 为什么要隐藏她的历史？

❑ 她的服饰风格是怎样的？

❑ 她的种族成员的长相是怎样的？

❑ 她是人类吗？

如你所见，问题会越来越多，而且也应该如此。这些答案应该会带来更多问题。尽可能减少玩家的疑问，这可能看起来很冗长，但当你回答完这些问题后，就会了解这个角色在这个种族面前的表现，他们的行为、面部表情，种族内部的玩笑话、家族背景故事，等等。

4.1.2　构思时间

现在我们对 Myvari 和她的背景有了一个很好的了解，可以画概念图了。首先从一些小比例图和素描图开始，画出她的基本外观。

在图 4.1 的左边，我们还画了一个动作图。这给了我们一个视觉上的创意——她在空闲动画中如何做动作。空闲动画是当你的角色持续静止一段时间后发生的动画。我们觉得她的性格是好学好问的，所以她应该拿出一本书，立刻开始学习。

图 4.1　原始的 Myvari 草图

在我们画出她的外貌草图后，包括表达她的个性，我们需要填充颜色以完成设计。图 4.2 中所示的配色方案是基于回答前面所有问题后做出的选择。

Myvari 的整体色彩主题给人以高贵、珍奇和安全的感觉。这些是通过带有代表皇室的黄金线条的华丽服饰来描绘的。蓝色唤起一种安全感——一种心理和生理效果，因为看到这种颜色可以降低我们的血压。使用蓝色会让玩家更加代入她的角色，并对她其他中性色服装中的亮蓝色感到好奇。

她最独特的配饰是她的项链，它具有机械功能。项链是她必须参与的解谜过程的关键。基于这个原因，这条项链的颜色与 Myvari 的其他服饰颜色部分不同。这种颜色在环境中也将是独一无二的，这里有个概念叫作用户引导，我们将在第 5～7 章以及第 12 章中讨论。我们将需要在环境、机制以及整个垂直切片的打磨过程中不断使用这类颜色。

图 4.2　Myvari 的颜色方案

在对角色的个性和颜色有了深刻了解之后，我们就需要进入 3D 版本的概念设计了。这不是在创造，而是在定义角色。图 4.3 中使用雕刻（sculpting）工具描绘角色的面部特征。我们的团队在使用 Pixologic 公司的 ZBrush 方面拥有丰富经验，所以能够创建图 4.3 所示的造型。3DCoat 软件和 Blender 软件也提供了 sculpting 工具。

在我们对造型进行了足够多的迭代之后，将使用它作为第一版的高分辨率模型。

现在我们已经定义了主要的高分辨率造型，可以继续从 ZBrush 中获取低分辨率模型。

图 4.3　Myvari 的高分辨率头部造型

低分辨率模型将成为游戏中所有内容的比例偏差（scale bias），如图 4.4 所示。当你创建建筑物、植物群、动物群或角色群时，此模型将充当它们的通用标尺。有多种方法可以解决比例问题，但是，这个角色是这个游戏中的主要生物，其他内容都是环境或道具，都将按照她的大小以基础比例进行缩放。

图 4.4　Myvari 的低分辨率头部造型

可以通过按比例构建来实现其他方式的缩放。Unity 的单位是厘米。如果你按米构建，然后从你的数字内容创作（DCC）导出为厘米，那么一切都将遵循单一的单位比例。如果你要与世界各地的多个团队共同构建大型游戏，这是一种很好的构建方式。你还可以围绕环境本身构建游戏。这方面的一个例子可能是使用正方形为用上帝视角的游戏创建环境，这样可以点击所有内容。正方形可能是屏幕的十分之一。根据这个信息，你可以以预期的分辨率截取屏幕截图，然后在该图片上以合适的比例绘制角色概念图。查看你的项目并找到你可以构建的比例点。这最终会为你节省时间。

你可以尽情地构建任何模型，并在导入模型后在游戏中调整它的比例。然而，随之而来的问题是这个机制可能无法正常工作。想一下像《古墓丽影》或《刺客信条》这样的游戏，主角必须爬到墙上。这需要角色具有特定的身高并做大量的调整，以确保这些角色的动画能够在正确时间出现在正确的位置上。

4.2　绑定

在完成整个概念设计阶段后，我们还需要为角色添加一些绑定（rigging），以便为她制作动画。我们将使用 Autodesk 公司的 Maya 2022 软件来绑定角色。我们要讨论的重点是原理，而非技术细节。根据你的 DCC 工具的差异，你可能会遇到略微不同的术语，但是以下术语通常在游戏开发的任何主流 DCC 中都适用。

4.2.1　动画——第一原则

开始制作绑定时，最有效的工作方式是与负责动画的美术设计师就动画本身进行详细讨论。即使你自己制作动画，成功的绑定也能确保动画师不需要解释每个控制器的作用。可能有一些技术属性，但总的来说，如果某个控制器不需要某些功能，它应该被锁定和隐藏。

当动画师移动一个控制手的控制器时，他们可能希望所有对手指的控制都在手的控制器上。这是显而易见的，但我们不应假设动画师需要这样做。他们可能希望所有单独的控制器都放在一个控制器上。

4.2.2　变形

这是一种让网格能够以预先确定的方式弯曲的能力，例如肘部或膝盖。因为你知道它们将如何弯曲，所以你可以规划你的网格，以便在你的模型中使用正确的**边缘流**（edge flow）来实现这种变形。边缘流本身就是一种艺术形式，确保在变形时有足够的几何形状来保持形状。在图 4.5 中可以看到边缘流的示例。花点时间研究其他 3A 模型的示例，了解它们的身体结构如何弯曲。

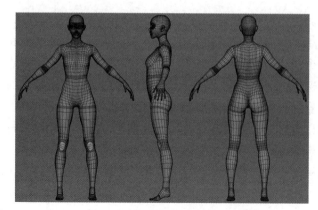

图 4.5　人体的边缘流示例

面部变形（facial deformation）是迄今为止最特别的变形。如果你计划在开始制作绑定时进行面部变形，请寻找一些讲解如何为角色设置变形的视频。面部表情错综复杂，很难做到准确。

在图 4.6 中可以看到边缘流和分离的一个小例子。

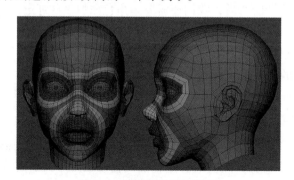

图 4.6　面部边缘流的示例

正确完成面部变形将使你的角色产生逼真的表情。这可以通过情感方式增强沉浸感进而加强游戏体验。如果你打算拍摄角色的特写镜头，最好花点时间解决面部变形问题。

4.2.3　层级

层级和所属关系是绑定知识点中不可或缺的一部分。当 Unity 导入骨架网格对象时，你的 DCC 可能会进行适当的变换。有时内部的变换可能是分组或层次结构的更改。Unity 会将这些对象视为游戏对象，并将它们放置在骨架的层次结构中的同一位置。不同的软件可能略有不同。这方面的一个例子是 Maya，如果你的层次结构中有一个分组节点作为你的绑定（rig）的父层级，Unity 会认为这是它自己的 Transform 并原样导入它。可能一开始在游戏对象上不会出现不合逻辑的问题，但最好始终尽可能保持清晰。如果你使用的是 Maya，我们建议你在要绑定的骨骼上不要有任何父节点。

这就带来了一个有趣的话题：控制绑定（control rig[⊖]）。我们使用过的定制化程度最高的 rig 是 bind rig，它绑定到角色的所有顶点上，然后用一个复制的 rig 直接操纵角色，我们称之为控制绑定。这样，进行绑定时只需要关心单个实体的输入。这很重要，因为有时你可能希望有多个变形工具围绕 rig 移动。你可能需要单独的挤压操作和扭动操作。控制绑定上的所有这些逻辑将驱动 bind rig，而不用担心破坏角色上的绑定。

4.2.4　骨骼或关节

骨骼和关节是绑定中可互换使用的术语。绑定骨架仅由其自身层次结构中的骨骼或关节组成，从基部开始，贯穿脊柱、手臂、腿部、颈部和头部。这些骨骼可以在图 4.7 中看到。

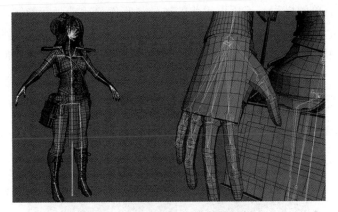

图 4.7　DCC 中角色关节的示例

设置完骨骼后，你需要通过驱动骨骼的约束系统结构来规划下一个层级。如果你在顶层使用了控制绑定，这些约束将会代替驱动控制绑定骨骼。

4.2.5　正向动力学 / 反向动力学

正向动力学（FK）和反向动力学（IK）是用于手臂和腿部的两种主要动画形式。FK 是一种技术，动画师手动旋转每个关节。如果你正在为手臂制作动画，你会从肩膀开始，然后是肘部，再然后是手腕等。这叫作"正向"，因为你在动画的层次结构中正向移动。反之，IK 是为手设置动画的地方，肩部和肘部将跟随旋转平面的引导。用哪种动画形式尚存争议，但它们都是工具。如果你习惯使用其中一种并且能够让你的工作更轻松，那么就使用这种。在角色的绑定上看到 FK/IK 来回切换是很常见的，因为它们在某些动画工作流程中都可以用到。

⊖　rig 指让 3D 模型具有动画效果的一系列操作，包括为网格构建骨骼关节、给关节绑定一套动画控制器、给骨骼蒙皮等。然后可以通过控制器来控制角色模型的动作和移动。——译者注

此外，关于 IK 的主要问题是你可以将手保持在与上次相同的位置上或空间中。想象一下，站起来，将一只手放在空中，然后上下摆动臀部，同时将手保持在空中不动。只使用 FK 设置制作这种动画会非常麻烦，因为你必须将肩膀、肘部和手腕分别设置为所有髋关节运动的关键帧。而使用 IK，你可以将手腕固定在它所在的位置，然后只为髋关节设置动画。IK 会为你处理肩膀和肘部。然而，FK 适合那种重力作用在手上并且主要是利用运动的动量来完成弧线的步行动画循环。

如前所述，两个工具可以达到相同的结果。当你使用这些工具积累经验时，这些工具也将让你深入了解你的动画风格。

4.2.6　约束

约束是一个简单的操作。使用可视化的对象，我们希望动画师能够快速了解控制的目的，一个简明的例子是 NURBS（非均匀有理基础样条——空间中创造视觉效果的点）曲线将指向绑定的手中的每个手指以帮助完成握拳动作。图 4.8 展示了如何使用 Myvari 的绑定完成此操作。

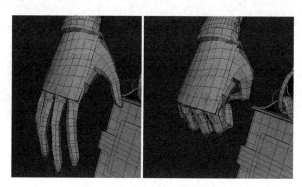

图 4.8　Myvari 的手部控制器

这些被简单地叫作控制器是因为它们允许动画制作人员控制角色的某些方面。这么说它听起来可能与我们在第 1 章中介绍的另一个术语相似：parenting（确定对象间的关系）。约束和它之间确实存在相似之处，但是，我们可以具体说明想要用约束来约束什么。在 Maya 中，分为平移、旋转和缩放约束。你还可以限制其中的某一个组件，例如只"旋转 x"。这样绑定就能够对动画师有轻微的限制。上面的手部控制器示例可能只需要一个旋转约束。这使对象包围盒的平移不会影响骨骼。使用 parenting，你将无法分开二者。父对象会影响子对象的所有 Transform。

4.2.7　变形器

每个 DCC 的变形工具都是独特的。变形器的主要功能是以某种方式控制顶层层级。这方面的一个例子可能是扭曲变形器，它可以让控制器的扭曲做得更好，从而使动画师更容易构建扭曲动画。

一些高级动画在另一个控制骨骼的网格上使用变形器，有时称为软体绑定（ribbon rig），如图 4.9 所示。图中左侧显示了软体绑定和控制项链下层关节的变形器，右侧通过隐藏下层的软体控制显示动画师看到的内容。

图 4.9　用于 Myvari 的项链的软体绑定示例

4.2.8　控制

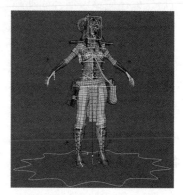

动画师在 3D 世界中的工作是表现实时移动的物体。无论是包围着手部还是头部的框，动画师都可以对其加以控制。每个角色都将拥有满足其需求的控制器。Myvari 将被赋予用于两足动物的标准控制器，其他的控制器用于衣服和饰品。

图 4.10 是我们用于角色整个身体的控制器。

4.2.9　基于物理的动画

图 4.10　Myvari 整个身体的控制器

某些动画可以通过模拟来完成。应该将骨骼附加到网格上，但 DCC 将执行受到轻微约束的物理运动。这些技术非常适合用于链子、项链以及大多数有弹性或摇晃的物体。众所周知，这些物体很难用手工生成动画，因此最好让程序为你处理。在某些情况下，游戏引擎可以处理所有基于物理的动画，并且不需要由动画师操作。这意味着物理动画将独立于动画文件，这样就可以生成更平滑的混合动画。

4.2.10　人体反向动力学系统

Autodesk 创建了一套双足绑定（biped rigging）系统，可以轻松集成多个软件。这主要用于运动捕捉，动画是通过另外的技术创建的。运动捕捉是通过套装、面部捕捉设备以及专用手套完成的。

人体反向运动学（HIK）绑定的主要目的是收集双足动物的头部、脊柱、手臂和腿部的动画数据。有一个高级版本可以在手指、手臂和腿上实现更多功能，例如扭曲。为了收集有关 HIK 骨架的更多信息，Autodesk 发布了关于如何充分使用这套系统的文档。我们不会将 HIK 系统用于演示。对于 Myvari，我们将完成所有手动按键控制的动画，不包含运动捕捉。确定这一点后，我们决定坚持只保留自定义的绑定和控制系统。

4.2.11　动画

现在，我们已经设计、建模并使用控制器绑定了一个角色。现在我们可以在 DCC 中使用动画技巧来赋予角色一些活力。当你决定要制作哪些动画时，请务必仔细考虑角色的个性。由于我们花了很多时间思考有关角色的动机和愿望的所有问题，因此应该用正确的动作来尊重这种个性。

高效的制作动画的工作方式与任何艺术形式的工作方式相同。首先，我们将在一个封闭的阶段中使用关键姿态来让动画的时机准确。在执行此操作时，尽可能让关键姿态坚定有力。每个关键帧都应该有个性。如果你看了关键帧但还是无法了解角色，那么这个关键帧就不能被认为是角色的"关键"。在确定了某些关键帧，并且明确了移动这些关键帧的时机后，你还应该添加补间动画。

这些是关键姿态之间的关键帧。这些关键帧将有助于推广每个关键姿态的动作。

完成这些之后，最好将动画添加到游戏引擎中，以便使用角色控制器获得实际运动的感觉，看看你在 DCC 中看到的内容是否转化为游戏中的动作。在这个阶段这样做是明智的，因为在你学会了如何让角色运动之后，将有大量的时间在项目接近尾声时打磨所有动画。

4.3　角色控制器

现在我们已经将角色设计、模型和绑定结合在一起，现在需要创建一个控制器（controller）来响应输入。角色控制器有两种常规方式。Unity 提供的内置角色控制器可以让角色四处走动、上楼梯，并轻松地构建更多交互功能，但它有局限性。最大的限制是它不能用作物理对象。如果你想要角色被物理引擎推动，还有第二种选择。即使用刚体和带有角色脚本的胶囊碰撞器，脚本将这些作为物理引擎的限制。正如你现在所期望的那样，要在这里做出正确的选择，我们需要提出问题！下面是一些示例：

❑　游戏的主要机制是什么？

❑　我们需要将物理特性用于移动吗？

❑　角色还有什么其他限制？

一段时间后，当你开始查看什么样的架构才能在 Unity 中实现你想要的游戏玩法时，你可能学会了在早期就提出这些问题。只有在这些问题没有得到解答并略有偏差之后，才会发生这种情况。不要因此而气馁。这是最好的学习方式：快速失败，经常失败。你可以使用的选择并不总是显而易见的。

有一个例子是问自己游戏的主要机制是什么。审视你的游戏，你可能会尝试在游戏中制作武器，但战斗机制在游戏的开发过程中更有意思。发现这一点后，你可能会减少大部分制作武器的环节，并投入更多精力来打磨战斗机制。这样做的作用是更加强调角色控制器，而不是 UI 或交互式制作武器。

在我们的游戏中，决定采用一种简单的方法来移动角色。我们只需要移动，所有其他交互将主要通过鼠标的位置和摄像机来进行。牢记这一点，我们接下来将要探讨角色控制器的基础。

4.3.1　内置的角色控制器

Unity 有一个内置的角色控制器组件，可以附加到角色上。这将为你提供坚实的工作基础。它只是一个允许简单移动的胶囊碰撞器，可以用于第一人称或第三人称游戏。有趣的是，它不涉及物理或刚体物理。Unity 文档对此有最好的解释，比如有一个"毁灭战士式"（doom-style）控制器：移动速度非常快，当你松开操纵杆时，它会立即停止。这样的行为有时是合适的，但并不是一直合适。例如，当你制作需要极其严格控制的游戏时，可以这样做。《银河战士》使用这个控制器直接左右翻转角色。如果你在转弯前必须减速停下来，游戏体验就不会像现在这么好。

最好的一点是，如果你只想测试一些简单的东西，那么把控制器放到你的角色身上就可以轻松、快速地开始移动角色。如果你想添加跳跃、漂浮、游泳、飞行或任何与物理有关的内容，没有大量的工作是实现不了的。

我们将使用内置的角色控制器，因为 Myvari 只需要在地面上探索，无须跳跃或滑动，并且她的交互都不会用到重要的物理特性。

4.3.2　刚体角色控制器

组件的这个选项从代码开始，但提供了内置角色控制器无法提供的巨大灵活性，可用于多种目的。使用刚体角色控制器的最初原因是你希望在游戏中使用不同的物理材质。如果你的游戏计划以多种方式使用物理特性，那么最好计划使用刚体和碰撞组件作为角色控制器上的物理交互选项。

4.4　编写角色的动作脚本

当你编写角色脚本时，最好尽可能多地与运动相关的设计师对话，以了解要构建什么。对于 Myvari，我们希望在环境中有一些与运动相关的细节，因为此游戏是一款环境解谜游戏。我们应该在她移动时让环境与她互动。以下是我们将要讨论的内容列表：

❑ 空闲。
❑ 行走。
　○ 在地面。
　○ 在水中。
　○ 在壁上。
❑ 旋转。

目前，我们尚未完全决定是否要实现两个与运动相关的脚本，即奔跑和跳跃。我们目前不打算实现它们的原因是还不确定是否需要它们。当我们在关卡中移动时，穿过关卡的感觉还不错，我们希望玩家也能注意到环境。如果以后需要，我们将配置角色控制器可以接受跑步动作。跳跃也类似，但我们不需要向上跳或跳过某个物体的机制，只会实现它以满足在环境中跳跃的需求。在通过某些测试后，并且玩家表明他们需要跳来跳去时，我们可能会发现这些是需要的。如果有一个理由充分的案例，我们就可以添加它们。

4.4.1 在 Unity 中初始化

首先，要想将 Myvari 设置为可以使用角色移动的脚本，应该在 Unity 中设置。我们应该已经将 Myvari 导入 Unity 项目中了。正如你所知，实现的方法是简单地将 Myvari 拖放到目标项目文件夹中。如果在 `Character` 文件夹中选择 `SM_Myvari`，检视器将在模型上显示导入的设置，如图 4.11 所示。此处使用的默认设置非常适合我们的需求。

图 4.11 导入设置模型选项卡

我们需要转到 Rig 选项卡来设置绑定。在图 4.12 中，我们要讨论几个选项。我们要确认动画类型（Animation Type）设置为人形（Humanoid）。我们还要为这个模型创建并配置一个头像。这将会打开另一个窗口来设置人形结构中的骨骼。

图 4.12 导入并设置 Rig 选项卡

此窗口将默认显示身体部分，虽然我们在图 4.13 中显示了头部。最好了解身体的每个部位，因为头像系统会尽力将关节对齐到正确的位置，但有时会不起作用。如果位置不合适，只需要将正确的关节放进空槽即可。

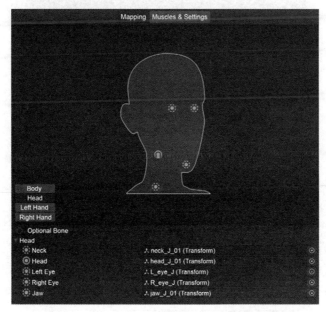

图 4.13　导入并设置 Rig 选项卡，配置头部部分

在设置控制器之前，我们应该聊一聊在游戏玩法上做的决定。游戏是第三人称，过肩游戏风格。这意味着我们必须为角色添加摄像机。因此，我们应该用我们的角色和摄像机制作一个预制件。为了达到目的，我们创建了一个层级结构，该层级结构允许摄像机可以单独移动，但保持摄像机和角色在一起。在图 4.14 中，你可以看到我们创建预制件的方式。

图 4.14　角色预制件层级

以这种方式创建预制件的原因是我们想要一个容器来容纳摄像机和角色。角色游戏对象包含角色所需的所有脚本。网格将容纳动画和头像。摄像机 rig 将容纳摄像机以及将摄像机保持在某个位置的脚本。在第 6 章，我们将仔细地讨论 Cinemachine（智能摄像机工具），因为我们需要在游戏的某些部分将摄像机放在用于播放过场动画的位置。

在本章的其余部分，我们将介绍关于如何设置角色以便让角色能够移动的基础知识。在角色游戏对象上，我们设置组件以使她四处走动。如图 4.15 所示，我们将再添加四个组件，分别是角色控制器、移动脚本、刚体组件以及玩家输入系统。

如前所述，我们将使用基础角色控制器。这些设置源于个人经验的，并且我们还没有最终确定，但这就是我们目前的想法。我们应该在这里添加关于中心属性的一点说明，这是角色控制器认为角色中心所在的地方。它默认在地面上，但你需要将其向上移动，以便胶囊对象更靠近中心并略微离开地面。我们尝试将其放在骨盆附近，然后使用半径和高度来包围角色的整个身体。我们这样做是因为骨盆控制着整体高度，因为人体结构的质心在肚脐。

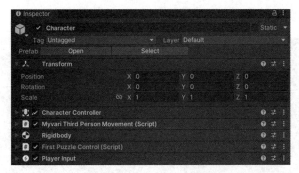

图 4.15　角色游戏对象组件

我们暂且跳过运动脚本。这里的刚体是为了帮助满足以后的力学需求和基于物理的工作任务。我们将在第 5 章和第 6 章中介绍这一点。

PlayerInput 是一个 Unity 子系统，用于设置模块化的输入操作以便轻松添加不同的输入系统，而无须更改代码。首先，打开包管理器，查看是否已经安装了输入系统。它将成为 Unity 注册表的一部分。如果没有安装，请先安装！如果安装了，那么需要创建一个输入系统供我们使用。

可以通过添加一个叫作 Input Actions 的新资源来完成，如图 4.16 所示。

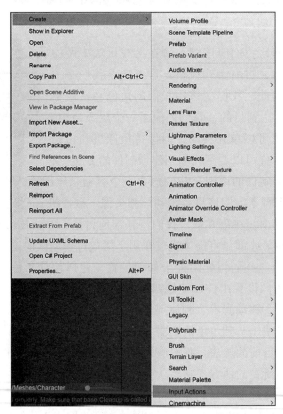

图 4.16　添加一个 Input Actions 资源

创建 Input Actions 后，可以根据需要对其进行命名。我们将其命名为 **PlayerActions**。我们将专门把这组 Input Actions 用于所需的任何玩家 Actions。在以后的项目中，你可能需要其他 Actions。此时，你需要双击资源以打开 Input Actions 窗口。我们将在这里设计输入选项，以便满足 Myvari 的当前使用需求。

图 4.17 显示了我们当前需要的整个输入系统。随着垂直切片的不断开发，我们可能会添加更多输入。

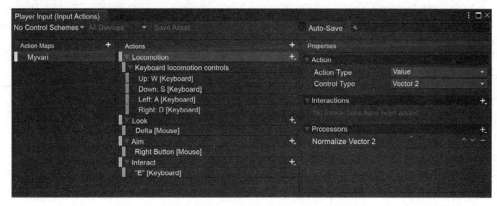

图 4.17　整个输入系统

动作映射（Action Maps）中是一些分组，这些分组有自己的一组可以调用的动作。属性是所选择的 Action 的详细信息和选项。在这里，我们只需要为 Myvari 设置输入，因此创建了一个 Myvari Action Mapping。请注意 Action Mapping 的大小写，因为进入运动脚本后，将在脚本中使用它。

在 Actions 中，绿色部分是动作本身，蓝色部分是绑定，粉色部分是绑定的各部分。对于 Locomotion，我们只需要关心矢量的组合。添加新绑定时，如果单击 Actions 右侧的加号（+），则有两个选项，即 Binding 和 2D Vector Composite。选择 2D Vector Composite 时，它会自动添加 Up、Down、Left 和 Right 四个零件。我们目前将它们定义为键盘输入，以坚持使用某个输入系统。设置 Action 时有一个非常有趣且有用的工具，即 Listen 按钮。查看图 4.18，你可以看到它已被按下并正在监听输入。对我们来说，能够按下可以按下的假设按钮会让我们感受到玩家的即时反馈。如果现在为 Action 指定一个按键让你感觉很奇怪，那么在游戏过程中使用它时感觉也不会太好。

图 4.18　监听输入

Look 输入操作用于移动摄像机，Delta 操作用于移动鼠标。Aim 输入操作可以用于在按住鼠标右键时进行瞄准。这里将 Action Type 选择为 Button，并期望用鼠标右键输入。最后，我们有一个 Interact 按钮，它的作用与 Aim 输入操作相似，但主要用于在特定时机响应玩家按下 E 键的操作，这些时机将在第 5 章和第 6 章中定义。

现在我们已经设置好了玩家可以向游戏中输入的内容。即使我们编写脚本来使用此输入系统，也不会影响任何事情。因此，在开始编写脚本之前，需要将 Myvari 动画设置的基础放在一起。让我们看一下需要的动画。目前，我们只需要将 Idle 和 Walk 用于动画过渡。不需要在这里设置 Interact，因为我们目前没有使用它。在第 5 章中，我们将研究 Interact 的使用。

4.4.2 空闲动画

当玩家环顾四周时，Myvari 可能不得不站立一段时间。大多数情况下，空闲动画不涉及脚本，因为这应该是动画控制器中的标准状态。当把角色放入场景时，需要添加一个 Animator 组件。请参见图 4.19 中的正确配置。

图 4.19　Animator 组件

控制器和头像是空的。我们需要通过创建新资源和菜单 Create → Animator Controller 来创建控制器。控制器是代码和视觉对象之间的接口，用于移动要制作动画的骨架网格。

关于 Idle，我们将创建一个默认状态并将其命名为 Idle。你可以在图 4.20 中看到。在项目的 Characters/Animations 文件夹中，有一些我们为 Myvari 创建的动画。选中 Idle 状态，然后将空闲动画从该文件夹拖到检视器中的 Motion 参数上，如图 4.21 所示。

图 4.20　控制器的状态机

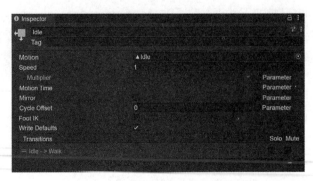

图 4.21　空闲动画状态检视器

创建好空闲动画后，当你按下 Play 按钮后，角色将进入空闲模式并永远循环该动画！

不过，我们还想有一个行走动画。若要添加这个动画，在空白区域中右击并选择 Create State，然后选择 Empty。

将其命名为 Walk。选择它并添加行走动画。之后，右击 Idle 并选择 Make Transition，然后在 Walk 状态上单击。

这就会把 Idle 过渡到 Walk。再单击一下会从 Walk 状态返回 Idle 状态。这样我们就可以通过设置参数在 Idle 和 Walk 之间转换。现在，我们将向控制器添加一个参数 isWalking，如图 4.22 所示。

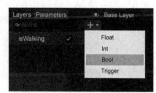

图 4.22 控制器参数

Parameters 部分位于控制器的左上角。我们要创建一个布尔类型的值，并把它命名为 isWalking，在过渡点中使用此参数。如果选择从 Idle 状态到 Walk 状态的过渡，你将在检视器中看到从一个动画到另一个动画的过渡。检视器的底部是条件。我们添加一个条件并将其设置为 isWalking is True。当 isWalking 的值为 true 时，Idle 的动画状态将变成 Walk。然后，你可以执行相反的操作将状态恢复为 Idle。

现在，我们已经创建了输入和动画，并准备好了可以侦听角色逻辑的过渡，现在需要进入动画并让移动角色的脚本运行起来。让我们来深入了解代码！

4.4.3 代码入口

我们在这里添加一个小节来解释将如何讲解代码。在第 3 章中，我们一步步讲解了每一行代码，以复习代码的基础知识。我们要在这里做的是让你完整地使用脚本，并附上完整的注释，这样你可以更舒服地阅读代码。在本章的剩余部分，我们将介绍之前没有涉及的小部分，并将它们作为工具来进行讲解。我们鼓励你构建自己的脚本，并使用我们介绍的工具构建角色移动脚本。

我们将通过 MyvariThirdPersonMovement.cs 文件进行讲解。这里有一些简单的任务和一个复杂的函数。当我们讲解它时，请知晓即使没有完全掌握所讨论的所有内容也是可以接受的。注意困难的部分并攻克它们，你可以巩固这些知识并了解如何在 Unity 中像开发者一样工作。

4.4.4 RequireComponent 属性

当你在类的定义前面部分看到 RequireComponent 时，这意味着附加到游戏对象的脚本需要引用某些组件。在我们的例子中，想要把 MyvariThirdPersonMovement.cs 代码附加在角色上，需要确保代码中有一个角色控制器。一个有用的功能是，如果 Unity 发现你附加到游戏对象的代码没有引用需要的组件，会自动将组件附加到游戏对象上，如下所示。不错吧？我们认为这个功能非常棒。

```
[RequireComponent(typeof(CharacterController))]
```

4.4.5 更新代码

我们将详细介绍这一部分，因为每一行都关联到前面的信息，如果没有上下文，很难在最后解释每一行代码。对于第一部分，我们希望确保如果角色在地面上并且它的速度不大于 0，则将其设置为 0。有时，游戏对象会在 y 方向上以小的增量移动。这种情况并不常见，但有时在 3D 应用程序中，旋转和移动会导致值发生舍入而速度会增加，但速度本不应该增加。可以通过使用以下几行代码来防止这种情况发生：

```
if (controller.isGrounded && playerVelocity.y < 0)
    {
        playerVelocity.y = 0f;
    }
```

在下一节中，我们将分解编写的代码，以确保之前在编辑器中为角色移动脚本准备的代码有一个全面的解释。

如果你还记得在前文中提到的，在水中行走是我们想要实现的动作之一。我们需要检查角色是否在水中，以了解如何实现该逻辑。我们将使用 Physics 库中一个叫作 Raycast 的方法，该方法接受参数，如图 4.23 中的帮助提示所示。

图 4.23　Physics.Raycast 的参数

在使用 Raycast 时，其参数如下：origin（原点）、direction（方向）、hitInfo（命中信息）、maxDistance（最大距离）和 layerMask（图层蒙版）：

❑ 我们将 origin 定义为此游戏对象的位置加上一个向上的单位值。
❑ direction 是向下的方向。
❑ hitInfo 被保存为名为 hit 的 RayCastHit。
❑ maxDistance 被设置为 2 个单位。
❑ layerMask 设置为 waterLayer。

要进行测试，请创建一个立方体，然后在检视器中选择 Water 作为其图层值。我们提倡在底下的 controller.Move 代码部分检查 waterLayer。

```
// Check for water
standingInWater - Physics.Raycast(transform.position + Vector3.up,
Vector3.down, out RaycastHit hit, 2f, waterLayer);
```

下一部分是 Input System 读取我们组合在一起的运动的值的地方。movement 变量的类型是 Vector2，或只有 x 和 y。因此，我们需要对其进行操作，以确保它对 3D 运动有意义。

```
// read in the values of the input action assigned to this script
Vector2 movement = movementControl.action.ReadValue<Vector2>();
```

我们创建一个 **Vector3** 并从读取的输入值设置 x 和 y 的值，同时将 **Vector3** 的 y 值保持为 0。

```
// Use the values from the inputs and put them into a vector3, leaving up
blank
Vector3 move = new Vector3(movement.x, 0, movement.y);
```

我们现在需要考虑角色和镜头的协调。有一个 **move** 变量，它包含我们想要移动的方向，但摄像机可能正对着另一个方向，而不是相对于你的角色的前方。所以我们在移动角色之前要考虑到这一点。

```
// take into account the camera's forward as this needs to be relative to
the view of the camera
move = cameraMainTransform.forward * move.z + cameraMainTransform.right *
move.x;
```

然后我们再次将 y 值设置为 0。如果稍后要实现跳跃，则需要根据跳跃的需要将其从 0 更改为不同的值。

```
// zero out that y value just in case ;)
move.y = 0.0f;
```

好了，现在可以移动角色了。我们已经考虑了摄像机、角色和不同地形可能遇到的所有问题。标准的 Unity 角色控制器有一个名为 Move 的方法。此方法只有一个参数，即 **Vector3**，告诉角色该走哪条路。我们还需要利用其他一些东西。角色的移动速度有多快？他们在水里吗？我们在这里使用的新概念叫作 ternary（三元）。

在进入下一行代码之前，让我们稍微解释一下。三元函数是这样的：

```
If standingInWater is true, this value is whatever the value of
waterSlowFactor is. Otherwise, this will be 1f.
(standingInWater ? waterSlowFactor : 1f)
```

很方便！我们可以轻松地通过一个调整值将角色的速度减慢，如果不在水中，她会以我们之前设计的常规速度移动。

```
controller.Move(move * Time.deltaTime * playerSpeed * (standingInWater ?
waterSlowFactor : 1f));
```

我们在类的开头定义了重力，将速度设置为重力值乘以时间变化以适应帧速率。根据 update 函数开头的 if 语句，除非 Myvari 还没有着地，否则不考虑这种情况，如果 velocity.y 小于 0 并且 isGrounded 的值为 True，则将 velocity.y 设置为 0。则将 velocity.y 设置为 0。

```
playerVelocity.y += gravityValue * Time.deltaTime;
controller.Move(playerVelocity * Time.deltaTime);
```

在这里，我们调用两个方法来处理旋转和动画状态。

```
HandleRotation(movement);
HandleAnimation(movement);
```

4.4.6　方法

为了保持 update 的循环逻辑尽可能单纯，我们重构了 **Update** 函数中处理旋转和动画的逻辑。

重构的过程是让现有代码的可读性更好。代码运行在 update 循环中，但是每个方法只执行一行代码。我们想要介绍的第一个方法是 **HandleAnimation** 方法，将 **Vector2** 作为输入参数，这是从输入系统读取到的 **Vector2** 值。我们只关心一个动画参数 **isWalking**。

首先获取当前状态的布尔值，并将其存储在局部变量中。然后检查输入的运动矢量值有没有非零值，以及 **isWalking** 变量是否为 **false**。如果符合条件，我们将动画器的布尔值设置为 **true**，否则设置为 **false**。当更改此布尔值时，将在控制器中更新并将动画设置为适当的状态。

```
void HandleAnimation(Vector2 movement)
    {
        bool isWalking = animator.GetBool("isWalking");

        if (movement != Vector2.zero && !isWalking)
        {
            animator.SetBool("isWalking", true);
        }

        else if (!(movement != Vector2.zero) && isWalking)
        {
            animator.SetBool("isWalking", false);
        }
    }
```

这是我们在这里用到的最高级的方法。我们认为尽可能多地走出舒适区以保持成长是一个明智的做法。我们要逐步解决问题，如果现在不能理解，请耐心思考。这里要做三个操作，我们需要找到旋转的角度，得到一个旋转值，然后进行旋转。

首先，`targetAngle` 正在执行一个叫作 `Atan2` 的 `Mathf` 函数。`Atan2` 是一种反正切函数，可以在给定要旋转到的目标位置的情况下计算出角度。这是一个有意思的函数，在游戏中非常有用，用于 3D 游戏中的角色旋转。问题是我们还需要再次考虑摄像机。`Atan2` 返回弧度，因此我们需要乘以弧度到度数的常数，然后添加相机的 y 角度，即角色的角度的偏移量。

接下来，我们得到目标角度，并在当前摄像机角度的 y 轴上创建一个四元数。这让我们能够获得需要前进的角度，而不必担心**万向锁定**（gimbal locking）的发生。万向锁定是指一个轴偏离中心 90° 而导致两个轴陷入旋转。四元数不容易受到万向锁定的影响，这就是为什么我们最终从欧拉角转到四元数。

根据定义，欧拉角相对于固定坐标系是定向的。这就是我们如何表示游戏中的角度，参考的是导入时旋转的 0, 0, 0。如果将角色在 y 轴上旋转 90°，则在该游戏对象的 transform 旋转字段中，将表示为 0, 90, 0。这些值是欧拉角。

最后，我们需要过渡到该旋转值。通过 Slerp（是 spherical lerp 的简称）方法来实现。当使用旋转时，最好使用 Slerp 方法。参数是当前的旋转值，即我们刚刚执行的新的旋转，以及旋转到新位置需要的时间。我们将转速设置为公共变量，以便可以即时更改它以获得感觉最好的值。

```
Void HandleRotation(Vector2 movement)
    {
        if (movement != Vector2.zero)
        {
            float targetAngle = Mathf.Atan2(movement.x, movement.y) *
Mathf.Rad2Deg + cameraMainTransform.eulerAngles.y;
            Quaternion rotation = Quaternion.Euler(0.0f, targetAngle,
0.0f);
            transform.rotation = Quaternion.Slerp(transform.rotation,
rotation, rotFactorPerFrame * Time.deltaTime);
        }
    }
```

完成这些之后，你的角色现在可以移动和旋转了。这是构建环境和叙事驱动的探险游戏的第一步。让我们对本章内容做一个总结。

4.5　小结

本章涵盖了大量的角色信息，包括设计、建模和绑定、角色控制器、刚体、使用 Unity

以及编写运动控制器脚本。

设计总是可以归结为"为什么"的问题。你应该从本章中了解到，为什么你的角色和角色的动机将有助于确保形式一个独特的角色，让玩家产生共鸣。建模和绑定在很大程度上取决于你需要执行的建模类型。我们介绍了一些指导你在建模时首先考虑动画的关键方法。这也适用于绑定。动画将是最后阶段，动画效果越简单，你和你的玩家就越容易获取更好的游戏体验。动画往往需要持续改进，直到接近发布。认真设计绑定，因为在动画开始后再进行更改，可能导致重新制作动画。

我们意识到 Unity 内置的角色控制器对我们来说最有意义，因为不需要 Myvari 被物理系统，例如 ragdolling（布娃娃系统）折腾。然后，我们使用 Unity 并导入了 Myvari，介绍了用于获取输入和 Myvari 的动画所需的组件。最后，我们完成了移动和旋转的角色脚本。

在下一章中，我们将研究环境、地形和 ProBuilder 工具。

第 5 章 *Chapter 3*

绘制环境

当玩家进入一个主要由环境驱动叙事的游戏时，你需要确保能够回答他们可能提出的大多数问题。我们将花一些时间在环境制作的三个主要构成因素上：环境设计，涂盖和迭代。这应该听起来很熟悉，这与我们之前在第 4 章中所做的角色的工作类似！幸运的是，关于角色设计，在环境中存在差异，我们将在本章中展开介绍。到本章结束，你将处理足够多的环境问题，以了解我们如何设计叙事，但也可以按照自己的想法去设计。

在游戏中，环境和角色同样重要。我们需要深入考虑在环境方面的选择，以确保它们与游戏的主题和叙事相匹配。在这个环节，我们与概念艺术师和设计师坐下来一起提出难题。尽可能详细地设计，以达到开发环境元素的目的。

构思一个环境需要从某个地方开始。我们从草图开始。我们一开始就知道想要什么样的环境，因此决定快速地绘制一些概念草图。绘制草图后，我们整合了一些灵感板，以更好地定义风格。

如果我们对风格和总体概念感到满意，则希望通过以下三个阶段来为关键因素确定基调：

- ❑ 草图。
- ❑ 灵感板。
- ❑ 舞台设计。

让我们详细看一下这几个阶段，从草图开始。

5.1 草图

你可能已经有了一些关于环境设计的强烈想法。就像在其他的概念阶段一样，你需要花费大量时间问"为什么"，这个问题将有助于定义你的环境上下文，使得整个游戏体验更加协调。

绘制草图时，你可以采用几种方法。纸和笔是一个很好的选择，可以快速地将草图画出来。有时候你可能会在餐馆里随手画一些草图，也许你会得到一个很好的创意。如果你在计算机前工作，可以使用 Photoshop（如果你有订阅），或者尝试免费的工具，比如 Krita 或 GIMP。花些时间来勾画建筑物、大体的形状和感觉。每个草图都将使你更接近最终的作品。在每次快速画完草图后，与自己或团队进行简短的交流，以确定是否需要在与环境相关的问题上进一步询问"为什么"。所需的草图数量会因你是否有信心将你想要的情感传达给玩家而有所不同。如果你无法完全描述每个元素的逻辑，那就继续绘制草图，继续问"为什么"。随着时间的推移，对细节的深入挖掘足以让你进入下一个环节。

图 5.1 中展示了一系列图像，我们将简要解释它们在游戏的垂直切片的环境设计中的作用。我们真的想要描绘环境类型的宏观特征，这意味着在不考虑微观定义的情况下进行开发。我们并不关心废墟的建筑或环境的植被。起初，我们对如何组合山中的废墟有 100% 的把握，但是需要查看草图以找出什么样的感觉是正确的。我们发现想要打造一种自然环境：一个遥远的山区，长满足够多的植被，以至于感觉它看起来一直都像是洞穴一样。这逐渐建立了一种感觉，让你感觉不是在地球上，而是在一个与地球相似到可以感受大自然的星球上。

图 5.1 草图示例

在你学习本书的过程中，我们希望在最后一部分当你发现 Myvari 的过去时，对场景的感受能有一个急剧的变化。图 5.1 中右下角的概念草图初步展示了这一点。基于这一点，我们知道需要解决建筑物的问题，并定义一些中等大小的形状。

通过进一步开发最后一节内容，我们知道当世界进入 Myvari 的领域时，需要在主题视觉上产生鲜明的对比。从图 5.2 中的图像差异来看，最大的差异是白天和晚上。这本身就是一个很大的变化，但我们还想让地面和树木消失，同时将建筑物恢复到它过去的辉煌状态，并将能够倒映出天空中的星星的静止水面带回来，从而真正将这个领域变成一个新的维度。

图 5.2　最终的解谜区域

在你对环境概念绘制了尚能接受的草图后，要利用所学的内容构建出一个**灵感板**。在灵感板上，你可以为未来的创作打下基础。

5.1.1　灵感板

灵感板是一种图像拼贴，可以勾画出一个区域的风格和氛围。网络上有成千上万的图像，人们可以从中挑选出与自己的风格和基调最接近的图像，将它们拼接在一起，以激发更多符合你所追求的体验的灵感。

如果你有明确的草图，那么现在就是你展示灵感板的时候了。花些时间搜索与建筑物有相似特征和感觉的图像，以制作出环境灵感板。这将为你定义好在环境建模部分要使用的调色板。

对于我们的项目，有几个主要的诉求。我们想要一片山地丛林，在游戏中营造一种古老的神奇幻想文明的氛围。即使你搜索"神奇幻想古代丛林遗迹"，也很可能找不到你需要的参考资料。相反，你可以将每个区域的主要功能拆分，并制作出灵感板。在我们的两个例子中，将介绍洞穴和废墟的灵感板。

在图 5.3 中，我们重点关注了洞穴的主要功能。渺小是什么感觉？雾气和照明的气氛倾向是什么？这给人一种外星环境的感觉，即使你仍然在地球上，也可能是地球上的一个未知区域。

图 5.3　洞穴的灵感板示例

在图 5.4 中，我们想要拆分神奇而充满幻想文明的废墟的功能。一个以自然为中心的神奇生物会是什么形状？颜色如何相互融合？

图 5.4　废墟的灵感板示例

灵感板要能够回答情绪和基调的问题。当你为每个主要区域找到最适合传达该区域所需的情绪的拼贴图时，就会知道自己已经完成了情绪的搜索。在我们的例子中，需要感受洞穴和废墟之间的区别。你会注意到，即使没有看到图像的所有细节，两者的情绪也截然不同。

如果你可以通过草图解决问题，那么在绘制草图后再开始制作灵感板是有意义的。然而，如果你发现草图只会引发更多问题，并且让你想要的风格变得混乱而不是确定的，那么应该先制作灵感板。搜索建筑图片通常能够使概念变得清晰。

5.1.2　舞台设计

在快速草绘了创意和感觉以解答"为什么"的问题后，随后建立灵感板，以进一步巩固环境带来的感觉。下一步是将先前定义的形状和灵感用于推动游戏的叙事和机制进入游戏阶段。你带玩家去的第一个位置需要尽快地解答很多问题。幸运的是，在此阶段之前，你花了一些时间解答了很多的问题。现在，你可以自信地进行叙事设计。对于我们的项目，需要在每个经过的区域尽可能多地讲解 Myvari 的过去。

在构建舞台时，尽可能将自己放在舞台上。花一些时间仔细了解整个舞台，并确保你在上一部分中解答了主要问题。现在，让我们做一个新的实验：从新玩家的角度想象你创造的游戏体验。试着感受一下新玩家对 3D 游戏可能会有的感受。有足够的提示来描述游戏过程吗？然后从有经验的玩家的角度来看，是否还需要添加其他内容来满足这些高级用户的需求？

这可能需要多次迭代。请耐心完成这一步骤，并仔细检查整个舞台来确保你能够交代角色的预期动作。

现在是展示设计并听取别人的意见的好时机，我们有时会不经意地自己就解决了问题。以陌生人的视角审视每个舞台可以发现需要更细化的地方。

在这之后，每个舞台中的需求将更加清晰，然后你可以将舞台带入涂盖阶段。

5.2　涂盖

现在你已经完成了尽可能多的概念，应该非常清楚如何使你的环境与叙事和角色相匹配。此时，下一步是尽量完成"涂盖"，涂盖的目的是在 Unity 中将所有元素组合在一起，以实现我们在之前的舞台努力定义的游戏体验。

现在你已经了解并熟悉了整个关卡的每个部分所需的内容，可以对每个部分的情绪和基调进行描述，并对整体构思进行调整。为了对一个关卡进行框架搭建，我们要使用一些工具，Unity Terrain（地形）、Basic Shapes 和 Unity Probuilder 可以帮助你放置基础环境元素。

5.2.1　Unity Terrain 工具

在 Unity 中使用 Terrain 工具非常方便。很容易上手并快速创建出漂亮的景观。作为开始，我们先创建一个地形实体。创建地形实体后，通过 Unity 提供的设置、绘制和植被工具来创建地形。

1. 创建地形

使用地形工具的第一步是创建一个地形。有两种主要方法可以实现。

一种方法是单击 GameObject 菜单，然后选择 3D Object，再选择 Terrain，如图 5.5 所示。

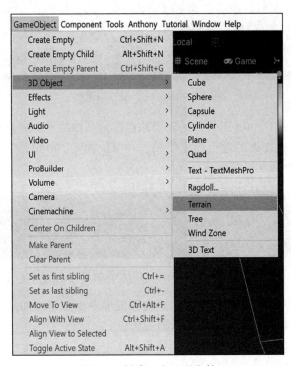

图 5.5　创建一个地形实体

另一种方法是右击层次结构中的空白区域，然后选择 3D Object，再选择 Terrain。

任何一种选择都会在场景中创建一个地形游戏对象，其全局坐标为 0, 0, 0，默认情况下在 x 和 z 平面上以 1000 单位向正方向延伸。这个值可能不是你需要的，所以我们来了解一下地形的设置。

2. 地形设置

在我们的垂直切片中将使用默认单位，因为这是我们最终需要的规模感。但这可能并不适用于你的游戏。地形工具的一个好处是它可以轻松地连接相邻的地形瓦片。

地形组件中的第一个选项是创建相邻地形（Create Neighboring Terrain）的按钮。单击此按钮后，你将看到邻接瓦片的轮廓，如图 5.6 所示。如果你单击其中任何一个正方形，该地形将创建一个新的地形资源，该资源连接到主地形资源。

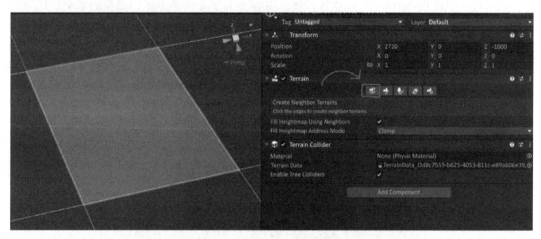

图 5.6　创建一个相邻的地形

现在你已经了解了 Terrain 工具如何轻松地连接到其他地形，可以根据每个瓦片的大小来考虑地形的设置。也许你的地形只需要长 500 单位，宽 200 单位。这些的公约数是 100 单位，因此你可以按图 5.7 设置参数。

图 5.7　网格分辨率设置项

如果你计划在地形上使用草或细节，请确保地形是正方形。如果宽度与长度不同，则细节笔刷（Details Brush）将很难有序地放置布告板。

单击空白正方形会用另一个地形瓦片填充这些正方形。单击多个正方形可能会导致产生类似于图 5.8 的地形。

如果你只需要一块小的预期之外的地形，则可以自由地添加一些不太大的分块。

在这里，我们知道只需要一个 1000×1000 的块，因此使用默认大小。我们的整个垂直切片都放在一个单独的场景中，场景使用此默认大小以便配置。

在你将地形缩放并设置为所需的大小后，还需要向地形中添加一些细节。虽然无限平坦的拉伸平面本身就不错，但你的概念设计中很可能包含一些山脉或丘陵。我们开始绘制这些形状。

图 5.8　添加一个相邻的地形瓦片

3. 绘制地形

为了获得漂亮的山脉和丘陵，我们需要修改地形的几何形状。绘制地形（Paint Terrain）工具正是做这件事的。你可以在地形对象（Terrain Objects）检视器中的第二个可用选项中找到该工具按钮，如图 5.9 所示。

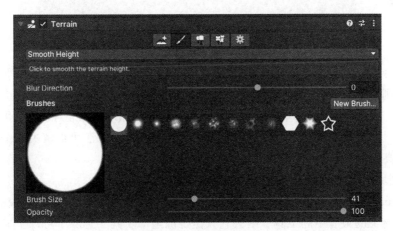

图 5.9　绘制地形选项

笔刷（Brush）选项位于工具（Tool）选项的正下方，是一个下拉菜单，可以更改笔刷的功能。要查看笔刷的选项列表，请单击下拉菜单，如图 5.10 所示。

图 5.10　笔刷选项

我们将逐个讨论这些选项的确切功能，但建议你花一点时间通过使用不同的笔刷来创建让你满意的地形。没有什么比经验更能让你感受到它们在地形上的作用了。

❑ 升高或降低地形（Raise or Lower Terrain）

这个工具将是你制作地形的主要选项。根据地形的大小和需要对地形进行比例更改，笔刷的大小将根据你的需求而定。幸运的是，有一个很好的指示器（如图 5.11 所示），在你提交更改之前，让你知道更改后的大小和形状。

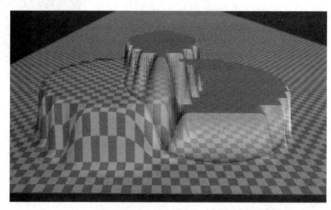

图 5.11　笔刷在不同高度上的可视化效果

当你选择 Raise or Lower Terrain 笔刷时，它会显示一个说明框，解释说如果你在地形上单击，笔刷将根据笔刷形状升高地形；如果你按住 Shift 键再单击笔刷，则会根据笔刷形状降低地形。如果你试图在平坦的地形上降低地形，会发现它不会低于 0。这可能会是个问题，如果你计划在地形中制造凹陷来放置水。不过，有一种方法可以解决这个问题，我们将在"设置高程"部分介绍。

❑ 绘制坑洞（Paint Holes）

选择 Paint Holes 工具后，花一些时间用工具在地形上单击，你可能会发现这个工具并不是与地形有关的最有用的工具，因为它只是擦除地形。其实它除了可以生成一个洞，还可以生成锯齿状的边缘，与其他平滑的地形不相匹配。

但并不是所有功能都没用！如果你需要在地形中建造一个洞穴，而该地形并不适合处理凹槽形状，从而强制重叠在地形的顶点上，那么这个工具对你来说是非常好用的。通常，设计一个包含需要洞穴系统的三维网格，很常见的做法是将其放置在地形下方，然后在地形中切割一个洞以便进入。

 我们稍后会在另一节中详细介绍 3D 网格，但这里简单地解释一下：3D 网格是由一组顶点组成的多边形，用于可视化三维空间。

地形就是一块被修改过的平坦区域，它并不是你可以用铲子挖掘的土地。如果你想要一个地下洞穴，需要先挖一个洞，然后在地形下方建造一个网格。这样会留下一些锯齿状的边缘，如图 5.12 所示。

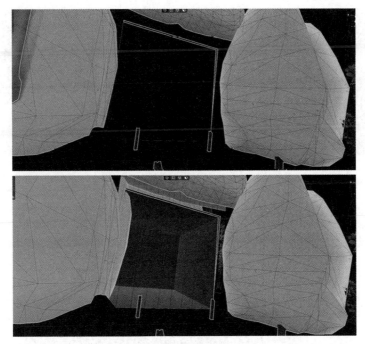

图 5.12　在地形中绘制坑洞前后的示例效果

你可以使用岩石或其他通过洞穴系统的网格来覆盖那些锯齿状的边缘。

❑　绘制纹理（Paint Texture）

现在，你可能已经制作了一些山丘、高原和其他各种灰色的地形相关的材质。你可能希望为它们添加一些颜色，幸运的是，有一种简单的方法可以实现！你可以在网上搜索无缝纹理，或者使用项目中提供的纹理来设置它。

当你首次选择 Paint Texture 工具时，没有可绘制的内容，因为你需要创建一些层以进行绘制。在创建地形层（Terrain Layer）之前，所有地形层都是空白的，因此我们先创建一个地形层。

在地形层的右下方，如图 5.13 所示，有一个标有编辑地形层（Edit Terrain Layers）的按钮。如果单击此按钮，你可以创建或添加一个图层。如果你之前没有创建过图层，可以选择添加图层（Add Layer）选项，但列表中不会有任何选项。相反，如果选择创建层（Create Layer）选项，将弹出一个对话框，以选择纹理。在这里有一个小提示，将纹理命名为你容易搜索到的名称，以防有大量纹理需要筛选。例如，你可以使用 TT_ 作为前缀为你的地形纹理命名，例如用 **TT_Grass** 代表草地。然后，当对话框弹出时，你可以在搜索栏中输入 **TT**，它只会显示地形纹理。这个技巧可以在整个项目中使用，因为在大多数可以使用的选项中都有搜索栏供你选择要用到的资源。

当选择纹理后，将会创建一个地形层资源，此资源会包括选中的纹理和一些材质选项。图 5.14 显示了一个地形层的示例。

图 5.13　编辑用于绘制的地形层

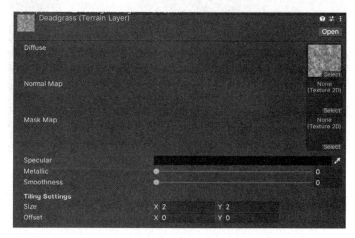

图 5.14　地形层示例

在这里，你最想看到的属性是平铺设置（Tiling Settings）。根据游戏的显示比例，你可能需要增大或减小比例以避免看到纹理的平铺效果。如果你看一下图 5.15，可以看到纹理不断平铺的效果。从摄像机的当前位置来看，看起来很糟糕，但在游戏中要紧凑得多，这可以让平铺不可见。最有意思的是它不与地形连接，因此如果你对图层资源进行更改，它会立即更新地形。这使得在想要快速了解你想要的地形外观的时候，可以在之后添加法线贴图和金属或光滑元素，非常方便。

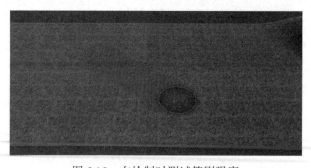

图 5.15　在绘制时测试笔刷强度

添加图层后，第二件事就是对整个地形都使用这个纹理进行绘制。当你添加新的图层时，就可以使用相同的笔刷形状和大小来绘制其他图层。

> 地形层的工作方式是 Unity 为地形上绘制的每个纹理创建一个纹理贴图。如果有四个图层，每个图层对应纹理的四个通道：红色（R）、绿色（G）、蓝色（B）和 Alpha（A）。如果有五个图层，则地形会获得一个新的纹理，并将其添加到新纹理的 R 通道中。基于这种情况，出于性能方面的考虑，最好限制每个瓦片使用四个纹理！

当你掌握了如何处理每个图层后，最好测试一下角色在小区域内的表现，以确保该图层的缩放比例适合游戏本身的比例。同时还要记住，在环境中放置其他干噪点因素来破坏纹理的重复，比如草、石头、树木或其他元素。

如果角色的纹理在比例上看起来不错，那么就可以进入下一部分了。

❑ 设置高程（Set Height）

在使用较低的高程工具时，你可能已经注意到它不能小于零点。如果要在零点以下工作，那么工作流程应该是：在进行任何更改之前，将地形的高程设置为看起来合适的高度，应该是小于零点的高度单位。

需要向下移动 200 个单位吗？如果需要的话，请将地形游戏对象的 Position 中的 Y 设置为 –200，如图 5.16 中步骤 1 所示。然后选择绘制地形（Paint Terrain）选项，再在下拉菜单中选择设置高程（Set Height）选项，如图 5.16 中步骤 2 所示。完成后，Y 值将是 –200，因此将 Height 设置为 0，然后使用图 5.16 中步骤 3 所示的变平（Flatten Tile）按钮进行平坦化处理。

图 5.16　设置低于全局高度 0 的高程

这将使地形从视觉上回到 0, 0, 0 的位置，并保持偏移量，使你可以将地形降低到该位置以下。这对于制作沼泽、洞穴和河流非常有效。

❑ 平滑化高程（Smooth Height）

这是一个简单的工具。有时你可能需要对地形进行一定的平滑化处理，因为噪点可能会一发不可收拾，或者你需要平滑处理玩家角色行走的路径，以帮助引导角色的移动。

举个简单的例子，请看图 5.17。

这是一个有些极端的平滑版本，但在平滑处理之前二者看起来是一样的。你也可以将一个带噪点的笔刷用于平滑工具，以一种不均匀的平滑方式，给地形带来侵蚀一般的外观。

❑ 标记地形（Stamp Terrain）

图章（Stamp）工具被用作 3D 标记。如果你需要特定的地形特征，可以设计一个高度贴图来标记地形。将高度贴图添加到笔刷，然后在地形上使用它。

图 5.17 平滑处理后的地形

这个工具的主要用例之一是，你可以获取预先编写的已经被验证过的看起来还不错的高度贴图。如果你想找到好看的山脉和丘陵，可以在资源商店中搜索，商店中会提供使用示例。使用资源能大大加快这一流程，这可能并不是你所需要的，但每一小步都是一次进步。

4. 绘制树

当你选择绘制树（Paint Trees）工具时，会出现如图 5.18 所示的选项。

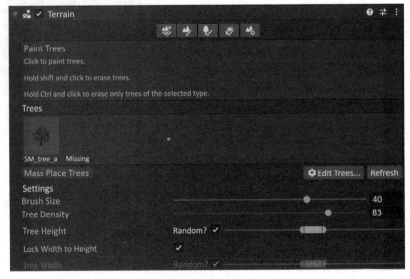

图 5.18 绘制树的地形模式

首先，单击编辑树（Edit Trees）按钮并添加树。可以添加任何你喜欢的网格，即使它不是树！如果网格没有针对地形上的树木的摆放正确地构建，就会弹出一个警告，如图 5.19 所示。

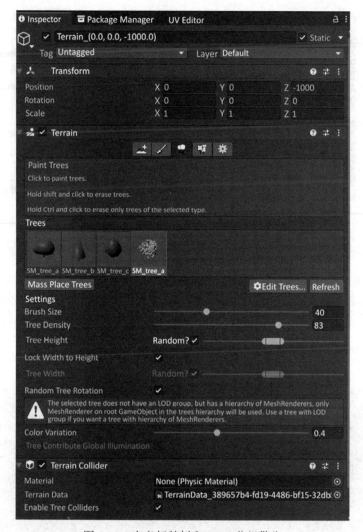

图 5.19　定义好的树和 LOD 分组警告

　　幸好，资源商店中有一个 SpeedTree 提供的免费资源，你可以下载下来获得一个正确地用 Paint Trees 工具组装树的不错的例子。

5. 绘制细节

　　最后是绘制细节。在这里，你可以添加在四边形上渲染的细节纹理，也可以使用细节网格来创建自己的网格。下面是在平坦的地形上使用和绘制简单的草丛纹理的示例。

　　绘制一些细节，比如草，有助于拆分地面纹理，如图 5.20 所示。这些元素也会受到风区（wind zones）的影响。风区是另一个可以添加到地形对象中的组件。如果你想进一步了解，请研究第 10 章中添加环境声音和一些其他小的打磨细节，以及第 12 章中为地形注入活力的部分。

图 5.20 作为细节的草

5.2.2 3D 地形

现在你已经设置好了地形，需要加强地形以用于建筑或打造一个洞穴系统。你将需要利用 3D 数字内容创建（3D DCC）工具为你的环境构建网格，还有另一个构建涂盖阶段的选项，即 Unity 的 ProBuilder（见图 5.21）。在这里，我们将同时使用 ProBuilder 以及创建我们自己的几何图形来自定义形状，以实现环境的特定建筑部分。

让我们深入了解 ProBuilder 和自定义网格如何用于环境的涂盖。

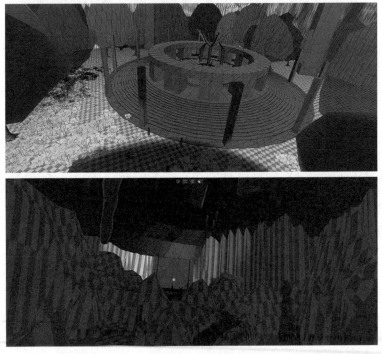

图 5.21 Unity 的 ProBuilder 工具和从我们自己的 3D DCC 中自定义的网格

1. ProBuilder

在 Unity 文档中，ProBuilder 的定义如下：

 你可以使用 ProBuilder 包中的菜单和工具在 Unity 中构建、编辑和自定义几何纹理，
也可以使用 ProBuilder 来实现场景中的关卡设计、原型设计、碰撞网格和游戏测试。

ProBuilder 可以快速设置包含碰撞表面的场景，以便轻松快速地可视化游戏环境。为
了使用该工具，我们会介绍一些初始步骤，以便你熟悉创建场景的步骤。我们将介绍
ProBuilder 的安装，几何形状的创建、编辑以及一些常用的 ProBuilder 工具。

（1）安装 ProBuilder

要安装 ProBuilder，打开包管理器并打开 Unity 注册表（Unity Registry），如图 5.22 所
示。选择 ProBuilder，然后下载并安装。

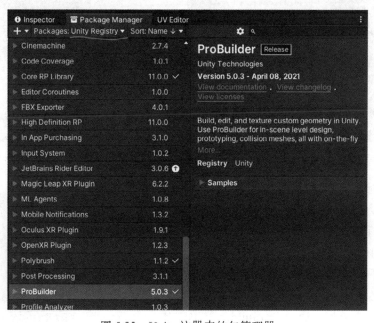

图 5.22　Unity 注册表的包管理器

安装完成后，如图 5.23 所示，可以通过 Tools → ProBuilder Window 菜单打开 ProBuilder
窗口。

这会打开一个浮动窗口，其中有很多选项。首先，我们将窗口停靠在场景窗口的左侧。
这是个人偏好，我们希望在使用 ProBuilder 的同时，仍然能够轻松地选择层级结构中的元
素。现在已经设置好了，让我们来看看菜单中的颜色。

在图 5.24 中，ProBuilder 的对象模式菜单中只有三种颜色标注的选项可用，但还有第
四种颜色标注，我们将在"常用的 ProBuilder 工具"部分详细介绍。我们目前看到的三种
颜色有特定的用途，以便轻松地使用所有选项。它们是这样工作的：

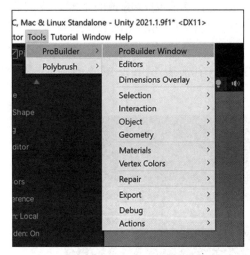

图 5.23　ProBuilder Window 菜单路径

图 5.24　ProBuilder 对象模式

❑ 橙色标注的选项：对象和窗口工具。

❑ 蓝色标注的选项：基于选择的函数。

❑ 绿色标注的选项：网格编辑工具，影响选择的整个形状。

现在我们已经知道这些选项的大致作用了，让我们开始构建第一个几何形状。

（2）创建 ProBuilder 几何形状

打开一个新场景，通过 ProBuilder 菜单创建一个新的形状，会在 Scene 窗口的右下角显示一个小窗口，根据你想要创建的形状类型，有几个选项。我们选择 Plane，这样就可以为形状添加一些效果。你可以在图 5.25 中找到。

图 5.25　Create Shape 子菜单

选择 Plane 后，单击 Plane 图标并拖进场景来创建一个平面。暂时不要担心它的大小，现在只创建平面，我们在之后进行编辑。

现在，在层级结构中如果没有选中平面，现在选中它。在检视器中，让我们将 Transform 设置为 0, 0, 0，这样它就会位于场景的中心位置，即 0。然后，切换到 ProBuilder 脚本并将大小更改为 80, 0, 80。这将会在场景中创建一个足够大的尺寸供我们试验。完成这些步骤后，检视器看起来应该与图 5.26 差不多。

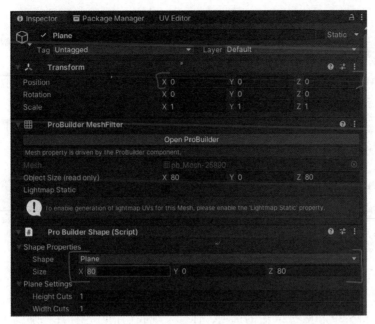

图 5.26 检视器窗口中的 Position 和 Shape 属性

创建完平面后，我们再创建一个立方体。在场景的交互工具中选择创建新的形状并选择立方体。在形状上单击并拖动，使基础形状成为你想要的任何形状。松开左键，向上拖动就可以给立方体设定高度了。得到想要的高度后再次单击以完成立方体的制作。完成之后，再在立方体上面添加一个楼梯形状。我们的目标是制作一组楼梯，让角色能够爬上立方体的顶部。如果楼梯变得奇怪，别担心，删除即可，然后再试一次，直到足够接近为止。不要担心它不完美，接下来我们将进入形状的编辑流程。

（3）编辑几何形状

制作完楼梯之后，很可能会得到如图 5.27 所示的效果。

虽然不是你想要的效果，但事实就是这样。幸运的是，ProBuilder 的编辑功能非常强大。将鼠标悬停在楼梯的面上，应该有一个蓝色箭头组分别指向该表面的中心方块的上、下、左、右方向，参考图 5.27。

如果鼠标悬停时没有出现箭头，意味着你可能没有选中楼梯，ProBuilder 认为你不需要再编辑基础形状了。在场景中选择另一个对象，然后重新选择楼梯，可以很容易地解决这个问题。然后，在检视器和 ProBuilder 脚本中有一个编辑形状（Edit

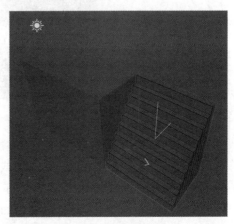

图 5.27 阶梯旋转问题

Shape）按钮，单击按钮可以再次打开基本的编辑功能。

单击并拖动中间的方块可以移动几何形状的面。单击箭头可以调整整个形状。这对于楼梯非常有用。图 5.27 中高亮显示的黄色箭头可以让形状朝向楼梯的背面，从而使最上面的楼梯面对立方体。这就是我们想要的，所以我们这样选择，然后使用中间的方块来重新定义形状，让示例中的楼梯效果达到最佳。

尽管这些工具在地形涂盖方面非常强大，但我们要进一步讨论组件的操作工具。

（4）常用的 ProBuilder 工具

我们创建了一些形状，并编辑了它们的整体状态和形状，以获得结构的基本构建块。为了得到更多中等大小的形状，我们需要对这些形状的组件进行处理。我们知道三维对象是由顶点、边和面组成的。当 ProBuilder 安装完成后，场景窗口顶部会有一组小图标，如图 5.28 所示。

图 5.28　Component Selection 工具

从左到右，依次是对象、顶点、边、面。如果选择其中一个，那么可以选择你在层级结构中选择的 ProBuilder 几何形状的组件类型。这也会改变 ProBuilder 工具集中可用的选项。对比一下图 5.29 和图 5.24 中的选项，你会发现我们把红色标注添加到了可用选项中，其他颜色的选项也发生了变化。

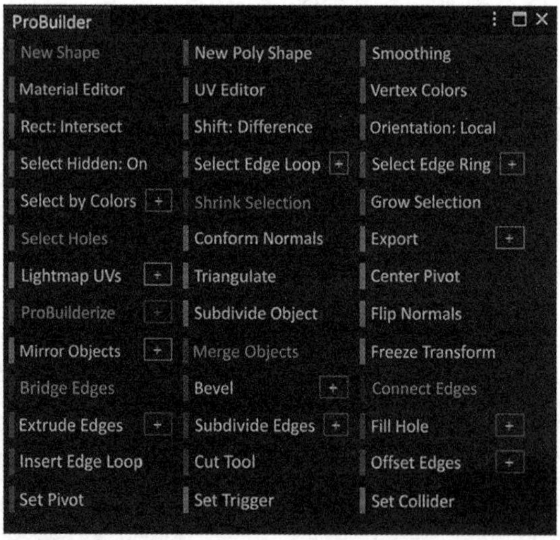

图 5.29　Component Menu 选项

每个组件都有红色的可用选项。在这里，我们选择了顶点修改器（vertices manipulator），组件工具的选项与顶点相关。对于边或面也是如此。花点时间重复查看每个组件的可用选项。说到面，让我们暂停一下，因为有一个经常使用的工具——挤压工具。

挤压一个面会复制顶点，并保持面是连接的，从选定的几个面挤压出几何图形。这是一个非常强大和快速的工具，可以构建许多形状或添加细节。我们将实现两个版本，以了解其工作原理。这两个工具是挤压（Extrusions）和嵌入（Insets）。

要进行挤压，选择场景窗口顶部的面组件，然后选择楼梯旁边的盒子的面。按 W 键进入变换工具。按住 Shift 键，左键拖动箭头朝上。你应该做了一个向上的挤压！看起来应该如图 5.30 所示。

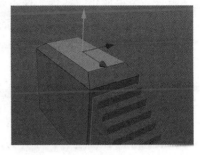

挤压的成果是从选定的面拉出的顶部的盒子。你现在可以操作这个面，使其变成想要的任何形状。不是所有的 90° 角我们都喜欢，所以按下 R 键，并从中间将它拉大，让它有一点个性。

图 5.30　挤压示例

现在轮到了有意思的嵌入，因为它们是一组特殊的挤压，把面变回当前的形状。这对于快速添加细节非常有用。我们要做的是选择面向摄像机的盒子侧面的面，按 R 键以使用缩放工具，同时按住 Shift 键，单击中间的灰色盒子，从各个方向缩放。完成之后，按 W 键回到变换工具，同时再次按住 Shift 键，拉动蓝色箭头以引入嵌入。图 5.31 中包含了在同一个面上创建嵌入的两个步骤。

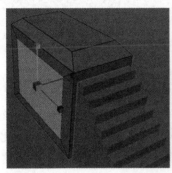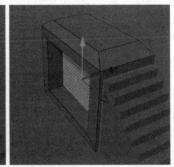

图 5.31　嵌入示例

尝试使用每个组件的工具。你会发现它们的存在有助于加快工作流程，这样你就可以尽可能多、尽可能快地进行涂盖。可能有一段时间，你知道需要一个特定的形状，但你无法用 ProBuilder 工具实现它。在这种情况下，你可能需要使用外部工具，如 Autodesk Maya 或 Blender 来实现所需的外观。我们倾向于称这些物体为预制形状（premade shapes）。

2. 预制的基础形状

如果你对环境中需要的形状有一个完善的考虑，那么你可能已经以正确的缩放比将环境组件组合在一起了。ProBuilder 非常擅长处理基本形状，但你可能需要一些专门用于你的游戏的架构。如果你已经做到了，那么创建并使用网格可能比使用 ProBuilder 更容易。

在某些情况下，你之前可能已经创建好了形状，就像 ProBuilder 那样，你需要做的就是将它们导入 Unity 并将其放置在你想要的地方。这已经被证明对于加速涂盖阶段是有用的。

在我们的场景中，你将看到我们使用所有这三个工具（地形、ProBuilder 和预制形状）来组合一个集成化的场景。这主要是因为相比于 ProBuilder，我们的艺术家能够以更快的速度在 DCC 中创建某些模型。然而有时候，一个被挤压的基础块就是我们所需要的，让场景在涂盖时变得有意义。

3. 迭代

迭代的过程是重复地完成游戏的某个部分，使这部分达到足够完善的状态，然后再转向游戏的其他部分。我们将按照图 5.32 来做一个简单的跟踪。这是一个流程的上层部分，在你经历几次之后，你会为你自己和你的团队创建更多的步骤。现在，让我们来看看重点。

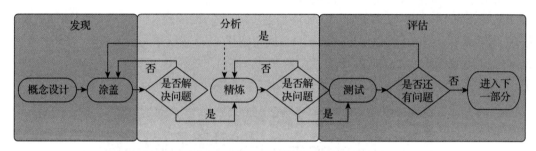

图 5.32　迭代流程

我们在上面的流程中经历了几个阶段，例如概念设计（Concept）和涂盖（Blocking）。我们只需要精炼（Refine）和测试（Test）。精炼是指在粒度级别上以尽可能解决问题的方法采取行动。与我们的项目相关的一个例子是询问每个谜题与 Myvari 的文化有多接近。我们需要从模块到架构去完善它，并确保谜题本身与机制中的风格相符合，这将在第 6 章中讨论。如果细粒度的答案有意义，请将你的流程扩展到测试。在测试中，你将了解游戏的大部分内容。如果可以，你可以通过四处走动来测试对游戏的感觉，看看在精炼过程中是否存在其他上层问题。

这就是容易花时间的地方。你需要牢牢把握"足够好"对游戏的意义。游戏开发中最困难的部分之一就是你必须意识到发行游戏比让一切变得完美更重要。在你的工作中保持警惕，让它看起来和感觉足够好，然后继续前进。你还有很多事情要做！

在本章中，我们只讨论了涂盖阶段。这是因为涂盖地形并花时间在游戏中去感受它是多么重要。快速失败，根据自己或好友的反馈做出调整。在你认为每个部分都足够好之后，可以开始导入最终的网格，这些网格的形状或位置是你认为正确的。完成后，再运行一次游戏，因为你可能会看到来自最终网格的变化，这些变化在之前的涂盖网格中不明显。

在关卡和场景的多数部分中移动时，要注意连贯性。当你在关卡中移动的感觉还不错时，就需要在游戏机制中投入更多内容，进行更多开发，而不仅仅是关注美术。未米还会有更多的问题出现。重视这些迭代过程将为你进入游戏的下一个部分打下坚实的基础。

5.3　小结

本章我们学习了很多 Unity 工具。花点时间熟悉地形工具和 ProBuilder 工具，以便更好地理解它们的工作原理。

通过本章，你掌握了构建环境所需的多种工具的知识。我们花时间解释了如何迭代整个流程，以获得对环境中的结构的强烈感知。你学习了如何从设计思维开始构建一个概念。然后，你接受了这个概念，并开始执行这个概念的每个部分，最后将环境放在一起，并对其进行迭代，以获得一个清晰的全面视图。

接下来，我们将讨论游戏的机制以适应你的环境。在开发机制的交互时，请记住本章内容，因为在整个开发过程中会有更多迭代。

第 6 章

交互与玩法

现在我们有了一个具有基本运动能力的角色和一个可以互动的环境，让我们看看这个角色应该如何与环境进行互动。在 Unity 中我们使用 C# 来编写游戏对象的逻辑，让玩家可以与游戏对象进行交互。这是游戏设计的基础，可以通过实际的交互来讲述故事情节或提升游戏体验。

在本章中，你将了解更多用 Unity 实现的具体交互和机制。内容包括：

❑ 游戏循环。

❑ 机制工具箱。

❑ 设计与实现。

❑ 阶梯。

❑ 环形解谜。

❑ 狭小的空间。

❑ 交互体。

6.1 游戏循环

视频游戏有一个独特的概念，叫作游戏循环。你可能已经猜到了，这是贯穿整个游戏的循环机制。游戏循环本身可能非常短，如《使命召唤》中的多人死亡竞赛。这个循环看起来像这样：目标是杀敌次数多于你死亡的次数。

1）杀死敌人。

2）死亡和复活。

还不止这些，如果你是《使命召唤》的专业玩家，那么你可能会认为这是对游戏玩法的过度概括。然而，事实上 90% 的情况都是如此。现在我们来看看《我的世界》的游戏循环：

1）在白天收集资源。

2）在白天搭建建筑。

3）在夜间求生。

我们来简化这个循环，但某些特定情况不在这个循环中，例如白天的爬行动物，以及降低了光照水平的雨天，白天基本上变成了夜晚。我们假设这两个因素不属于本次研究范畴。这很有意思，因为这个循环特别复杂。此处的意思是，求生并不总是在循环中。游戏的主要内容是 1，然后是 2，只有在夜间才会发生 3，在夜间求生成为游戏玩法的主要部分，如图 6.1 所示。核心游戏循环必须尽可能简洁。

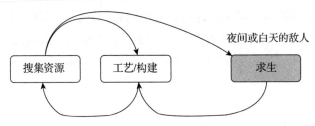

图 6.1 《我的世界》的游戏循环

看一看你最喜欢的游戏，并分解它们的主要游戏循环。你可能会发现游戏循环的分层。有时这被称为元进度（meta-progression）。在游戏《哈迪斯》中，游戏循环如下：

1）（可选）与 NPC 对话。

2）（在大厅中）选择技能并升级。

3）（在大厅中）选择武器用于下一次出击。

4）（在游戏中）战斗。

5）（在游戏中）赚钱，用于在大厅中升级。

6）（在游戏中）升级战力去通关。

7）死亡，然后在大厅中复活。

元进度发生在第 2 步。基础生命值和攻击力的升级让玩家更容易继续推进。这是 rogue-like 游戏的一个常见元素，因为在这类游戏中，玩家的体验主要是通过不断死亡来掌握技能和推动游戏进展。

你会发现在《使命召唤》的循环中我们并没有提到元进度，尽管这款游戏中存在大量元进度。这是因为元进度本质上是装饰性的。在《使命召唤》中，你不需要在多次竞赛中做什么变更。在《使命召唤》中获得的任何装置都将与其他具有相同配置的玩家的装备相同。如果你让一名玩了 1000 小时的玩家与一名拥有同样装备的玩家对抗，那么结果只能取决于技巧。然而在《哈迪斯》中，你必须花费点数去升级才能真正完成游戏。

这些游戏循环很有意思，但我们应该花一些时间更加深入地了解组成这些循环的交互。

在下一节中，我们将分别介绍各种游戏机制。

6.2　机制工具箱

互动是基于机制而执行的动作。例如，道具（Use Item）的机制可以用于拉动操纵杆、按按钮或使用电话，这三个例子就是交互，这些机制让玩家可以通过按键与道具进行互动。如果我们只能够以这种方式与某些内容互动，可玩性就很少了。幸运的是，还有很多机制可以进行交互。使用各种交互，我们可以设计出优秀的游戏体验！

我们想列出一些机制以及这些机制带来的交互。我们不可能深入了解每一个机制，但将深入了解一些基本概念，以获取对机制设计的好感。

我们将在这里介绍的是对机制的理解以及如何看待它们。如果你对此感兴趣，请花点时间阅读有关该主题的不同作者的观点，因为他们对机制的看法可能与我们的解释不同。我们看待机制的方式是：下面是游戏的一些核心概念，可以叠加在一起，以形成一个交互。这些概念包括：

- ❑ 资源管理。
- ❑ 风险与回报。
- ❑ 空间感知。
- ❑ 收集。
- ❑ 探索。
- ❑ 限制。

请继续阅读，以了解游戏设计中这些模块化的核心概念。

6.2.1　资源管理

你可能知道这是即时战略游戏（RTS）的主要机制。《星际争霸》《帝国时代》《横扫千军》是几款流行的资源管理类游戏。资源管理的理念是，你需要收集和花费有限的资源来帮助你获胜。资源可能是军队的士兵或让你的士兵变强大的实验室。非战斗的场景则是城市建造器，你需要关注你所在城市的居民，建造一些让他们感到开心的建筑，并管理他们赚到的钱。

6.2.2　风险与回报

这个机制被用于许多以战斗为导向的游戏中。它通常以冷却时间的形式出现。你现在想使用终极技能吗，以热门游戏《英雄联盟》为例？终极技能可以消灭一个敌人，然后获取很大的优势。然而，如果你攻击失败，也可能会让你处于劣势，因为敌人会知道你的攻击力变弱了。这就是风险与回报的概念。最简单的形式是《超级马里奥兄弟》。你是否会尝试得到那些难以获得的金币？你希望通过这些金币获得额外的生命，但同时，如果你没跳好，可能会掉进一个坑里。

6.2.3　空间感知

空间感知在第一人称射击游戏中很常见。《使命召唤》和《守望先锋》以多种方式利用了这一点。首先，玩家对屏幕上的敌人有空间感知，玩家需要将光标放在屏幕上敌人所在的位置之后才能向他们射击。其次，有整个地图的空间感知。如果你对地图没有空间感知，会很容易被打个措手不及。这也是平台游戏的核心。了解你在 2D 空间中的位置并能够巧妙地操作是动作平台类游戏的重点。《蔚蓝》充分利用了这一点，向玩家提供严格的操控方案，角色能够精确地按照玩家的预期移动，这些动作组合得很好，当你操作失误时，你会觉得这是你自己的错。

这很有意思：如果你在需要严格操控的游戏中实现的是松散的操控，那么玩家可能会感到被游戏欺骗并可能退出游戏。这是不可取的！

6.2.4　收集

有 CCG 玩家吗？正如其名——收集式卡牌游戏（Collectable Card Game）！《万智牌》《炉石会说》《游戏王》《宝可梦》只是几个例子。虽然这个机制并不是那么出彩，但收集的概念被用于各种游戏中。

可以收集技能，以及武器、法典条目、盔甲装备，而且这个列表中永远会有新的内容。人就是喜欢收集东西。你可能希望得到赛季中的每张牌以解锁成就。这算是双重收集，因为你想要卡片，但你也想收集那些成就。也许你想收集游戏中的所有法典，例如在《质量效应》中，游戏的知识来源于与尽可能多的特殊事件的交互，并且在你的日记中会更新一条法典，其中包括特殊物品、角色、种族、历史等的信息。

6.2.5　探索

探索是通过调查对周围环境建立认知和规则的能力。我们可以通过几种独特的方式使用探索的概念。其中一个想法是这样：实施探索的不是游戏角色，而是玩家。这意味着玩家帮助角色观察环境。正因为如此，玩家可以了解到角色认知之外的主题和事物。作为设计师，我们可以突出显示可交互的对象或将可攀爬的壁架设置为特定颜色，利用这些知识并更简单地传递给玩家。

另一方面，探索的概念也可以指角色本身。在游戏中，角色在他们的世界中探索和总结一些新事物，并在身体和精神上都提升了认知的同时变得更加强大。这可能看起来类似于收集和资源管理，但是，如果涉及从角色到玩家的知识转移或从游戏中学到的固有的东西，则应将其视为探索。

6.2.6 限制

压力造就钻石。与其说限制本身是一种机制，不如将限制视为其他 / 所有机制的修饰符，但我们希望将限制理解为自己的机制，因为并非每个交互都需要有严格的限制。可能存在影响整体游戏玩法的总体限制。例如，将计时器添加到游戏中作为一个整体是一种限制。另一个限制是在游戏中只给玩家 3 次生命。在收集式卡牌游戏中，你可能会发现平台有一个上限，限制卡牌可以翻转的次数。

当你花时间理解这些机制如何组合在一起以构建交互、制作游戏体验时，你就设计了一套完整的机制。如何将这些部分组合在一起是机制和交互设计的关键。让我们花点时间来回顾一下涉及的细节。

6.3　设计与实现

在优秀的设计中，我们需要理解为什么要使用这些机制和交互。一般来说，在将这些交互机制推广到更多独特的互动中时，你可能希望尽量减少游戏机制的数量。《洛克人》是一个极简机制的典型例子，游戏中巧妙地使用了细微的变化。运动、跳跃和射击是你唯一需要担心的事情。在击败敌人后，你将获得不同的射击能力或技能，但你仍将使用相同的按钮来参与射击机制。直到《洛克人 4》之前，始终保持着按一个键的机制；角色能够为自己的武器充能，而按钮的名称也会根据技能的变化而改变。

这是一个有趣的想法：游戏玩法对机制引入了非常有限的变化，而不只是改变图形和叙事。当你开始设计游戏的这一部分时，请考虑你的玩家在前进过程中应该采取的最小行动，并将其分解为最小的组件。

如果你正在考虑设计一款以战斗为主的游戏，你需要问自己一些问题：

❑ 战斗风格的类型是什么？

❑ 战斗风格与周围环境的历史题材匹配吗？

❑ 战斗风格是否与角色或它们的个性设计相符合？

上述所有问题的答案如何与玩家应当有的情感体验一致？这些问题无论如何都不是详尽无遗的。每个问题都应该对游戏机制有进一步的解释，并打造成要为玩家提供的体验。

看着你正在制作的游戏，你很容易陷入美好的陷阱，即与你正在开发的同类型的其他游戏保持一致。如果你发现自己在设计时，对自己说："这就是一直以来的做法"，那么你需要评估这种交互。由于第一人称视角的限制，第一人称射击游戏（FPS）就是一个很好的例子。

在 FPS 领域有一个非常出色的例外——《半条命》。Valve 制作了一款带有物理解谜机制的 FPS，并且非常强调叙事。这与之前的 FPS 游戏所专注的奔跑和射击的超级攻击力相比是非常独特的。

既然我们是从设计的角度来讨论交互和机制，那么就需要谈谈游戏 Undertale。这是一款低像素的角色扮演游戏。一开始游戏玩法的叙事感觉很正常，然后战斗发生了！玩家很快就学会了获胜所需的战斗机制，战斗玩法也很棒。然而，令人伤心的事情并不总是你想要关注的。这颠覆了玩家的期望，即在游戏中玩家要求角色去伤害那些在游戏中可能与角色有情感联系的人。这种情感上的差异被呈现出来，以一种颠覆玩家期望的方式展示对标准内容的使用。只有当游戏设计师深入学习并了解游戏设计时，你才有可能做到这一点。

本章本来可以轻松地讨论其他游戏的机制和交互设计。但与其讨论大量的游戏，不如让我们通过自己的项目来研究一些简单的机制和交互的例子。

在后面的章节中，我们还将探讨各种游戏设计的实现。打个比方，我们希望在这里从头到尾地讲解解谜游戏的交互，以向你说明开发一款游戏就是在脑海中有整体的意识，然后拆分解谜的每个部分。

在阅读这些章节时，我有一个建议，即这些游戏交互的实现并不是固定不变的，也不是使用这些交互的唯一方式。这些只是我们实现的例子。试想一下你可以如何改变每一部分的设计。

6.4 我们的项目

我们正在开发一款 3D 解谜冒险游戏。最初的机制是将探索作为主要部分。在第 7 章中，关于心灵感应设计，我们将在此基础上再介绍空间感知。理解了这些之后，我们将构建游戏循环。为了让游戏的可玩性更高，可以定义下面这些游戏循环：

1）搜索环境寻找线索。

2）根据线索解决谜题。

根据游戏循环的定义和理解，我们将探索作为主要机制，现在需要构建互动来打造游戏体验。

在开始交互之前，我们需要使用几个简单的非物理相关的动作。角色 Myvari 需要能够与环境进行交互，以完成解谜并进入各个区域以到达目的地。从主题上讲，环境是她的种族曾经生活过的地方的废墟。通过我们演示的垂直切片，Myvari 将遇到多个环境相关的解谜，她需要了解周围的环境并解决障碍。这款游戏的玩家用控制器引导 Myvari，要注意环境的细节，并学会如何解决与环境相关的解谜。角色将面对的第一个交互便是阶梯。我们来深入研究阶梯的设计，以真正了解其余的交互需要定义什么。

6.4.1 阶梯

在这个演示关卡中，环境中有一组错综交织的阶梯供角色穿越。理解这些阶梯传达给玩家的信息有助于建立基本的早期交互能力，这意味着你提供的环境将成为玩家在关卡中寻路的主要引导因素。我们来解决这种初始交互的设计，因为这是玩家真正参与的第一次游戏体验。

1. 设计

当玩家进入游戏时，Myvari 将从树林进入一个看似普通的洞穴。进入洞穴后，玩家会被带进一个小走廊，这个走廊通往一个陡峭斜坡的出口，斜坡太陡了，玩家走不上去。在斜坡的两侧有两个池塘，每侧都有一个拉杆。需要做的就是与每个拉杆进行交互。图 6.2 展示了该流程的涂盖设计。

图 6.2　第一次交互的概览——阶梯

在第一个开阔空间中，玩家会有一种惊奇的感觉。这是一个有人工建筑特色的洞穴。在远处，有一个门和一条通向门的小路。走向门的路逐渐变得非常陡峭。四处走动，玩家探索了这个区域，并找到了拉杆。拉杆可以把阶梯引到小路上，以便玩家可以爬到被废墟包围的门口。

这里需要有简单的环境设计，包括使用"光池化"。这是指在一个区域增加照明，以吸引玩家的注意力。我们会选择去光线更亮的地方。因此，我们需要让玩家与场景中的特定模型进行交互。为了让玩家注意到，你可以为这些标出的模型添加玩家的可操作性。例如，当玩家靠近拉杆时，拉杆会稍微高亮显示。突然间，一个提示框会显示出来，告诉玩家要按哪个按钮进行交互。

与两个拉杆进行交互会发出"咔嚓"声。离开当前摄像机后，会播放一个过场动画，显示楼梯升起并移动到位。从这里开始，玩家可以走上楼梯并进入环形区域。环形区域将是游戏中的第一个基于环境探索的解谜。我们知道应该如何进行，但实现总会出现一些问题。我们需要付诸实践以验证设计是否可行。让我们进入 Unity 并感受一下吧！

2. 实现

首先，我们需要一些可以进行交互的对象。让我们稍微拆分一下。这里有三个实现要点。我们需要一个交互块、一个阶梯障碍物和一个管理这两个元素的管理器。

（1）交互块

我们知道有两个交互点，需要同时与它们交互才能成功升起楼梯。这意味着我们应该创建一个触发器，可以多次使用。这个触发器立方体需要有一个盒状碰撞器，因为我们将使用碰撞来设置状态。

现在我们要用到一些代码。与第 4 章一样，我们不会逐行讲解每一行代码——只有在以前没有讲解过或者因为某些原因对先前解释的代码进行更改时，我们才会仔细查看代码。我们要查看代码文件 InteractionTrigger.cs，该文件可以在项目的 GitHub 的 Assets/Scripts 文件夹中找到。如果你还没有配置好 GitHub，请参考本书开头的说明进行配置。在第一次实现某些内容时，可能有一些关键区域无法设计，因此使用一些可视化调试代码可以更容易地实现。我们想要实现一个简单的立方体，当你进入它时，你可以与它交互，要清楚地表达何时可以与它进行交互，我们使用颜色来实现这一点。

```
public Color idleColor = new Color(1f, 0f, 0f, 0.5f);
public Color occupiedColor = new Color(1f, 1f, 0f, 0.5f);
public Color interactColor = new Color(0f, 1f, 0f, 0.5f);
```

我们在一开始就定义这些颜色，以便稍后在定义状态时可以引用它们。我们使用在第 4 章中定义的输入系统中的输入动作 interact。在这种情况下，我们需要注意该输入，因此将其放置在 Update 函数中。

```
void Update()
    {
        interactPressed = interactInput.action.ReadValue<float>() > 0f;
    }
```

这里的输入值是 0 或 1，但我们希望将其当作布尔值。这样我们就叫以在需要改变状态时进行简单的 if 检查。为此，我们检测该值是否大于 0。如果已赋值的交互按钮被按下，则该值为 1，这会将 interactPressed 设置为 true；否则，将其设置为 false。

接下来，我们将使用一些 MonoBehaviour 类的方法，这些方法我们还没有介绍过。它们是 OnTriggerEnter、OnTriggerStay 和 OnTriggerLeave。顾名思义，当某物进入、停留或离开碰撞盒时，这些方法非常适用于处理碰撞状态。

我们将从 OnTriggerEnter 开始。我们只是使用它来设置盒子的颜色，以便可以看到已经进入了盒子。这在物理上并没有用，但在视觉上很有帮助。也许在后期的打磨阶段，我们可能想要生成一些粒子或改变一些灯光，以向玩家展示他们可以交互的区域。现在，让我们只改变盒子材质的颜色，用于视觉调试。

```
void OnTriggerEnter(Collider other)
{
    MyvariThirdPersonMovement player = other.
GetComponent<MyvariThirdPersonMovement>();
    if (player != null)
    {
        mat.SetColor("_BaseColor", occupiedColor);
    }
}
```

这里发生的情况是当玩家与盒子的碰撞盒发生碰撞时，我们要查看制造碰撞的其他组件是否有 MyvariThirdPersonMovement 脚本。由于不应该有其他可碰撞的物品附加该组件，因此这是一个必要的检查。我们将其赋值给 player 变量，然后进行一个小的检查，看 player 的值是否不为空，然后将颜色更改为已占用颜色。现在我们需要处理 OnTriggerStay，这将是我们允许玩家与先前碰撞的对象进行交互的地方。

```
void OnTriggerStay(Collider other)
    {
        MyvariThirdPersonMovement player = other.

GetComponent<MyvariThirdPersonMovement>();
        if (player != null)
        {
            if (interactPressed)
            {
                mat.SetColor("_BaseColor", interactColor);
                OnInteract?.Invoke();

                Debug.Log($"Interacted with {gameObject.name}");

                if (disableOnInteract)
                {
                    this.enabled = false;
                    this.GetComponent<BoxCollider>().enabled = false;
                }
            }
        }
    }
```

这里的代码应该和进入触发器的部分相似，直到我们进入等待交互按钮被按下的 if 代码块。当交互按钮被按下时，我们会执行一些操作：

1）将颜色设置为交互色。

2）调用一个动作。

3）将其记录在日志中进行调试检查。

4）禁用该对象，以防止重复交互。

我们之前已经设置了颜色，所以应该对此很熟悉。这里使用了交互色也是说得通的。

接下来的部分是调用一个动作，需要有两部分的解释。我们的管理器将会监听动作的调用。当介绍到管理器时，我们会完整地讲解工作原理。而现在，试着理解另一个物体将等待一个信号来完整地执行该动作。

我们将调试设置为控制台，以便查看在逻辑代码中是怎样执行的。当移除调试颜色后，以后出现漏洞时，控制台调试将成为向导。

最后一部分是禁用访问对象，使我们无法再次与之交互。我们需要禁用对象和碰撞器，因为这种交互只需要在每个侧面按一次，所以我们这样做。

就这样！我们现在需要介绍阶梯障碍物，然后是交互管理器。

（2）阶梯障碍物

我们知道这里有一个阻挡阶梯的效果，但是我们已经完成了阻挡机制的外观。现在，它只是一个带有碰撞器的调试用的红色障碍物。这不是问题，因为我们知道自己希望玩家体验什么，所以我们需要创建一个障碍物，让玩家暂时无法通过阶梯。我们将在第 12 章中添加障碍物的视觉部分。这可能以阶梯变平或者变得湿滑的形式呈现，或者可以有一块石头挡住楼梯，进而让玩家无法前进，需要进行正确的交互后障碍才能消失。

这里没有需要编写的脚本。我们将把所有逻辑都放到管理器上。我们需要这个管理器的原因之一是，不能在阶梯本身上放置脚本来打开或关闭它们。如果有一个禁用的游戏对象，没有外部对象引用它并启用它，游戏对象自身的脚本就不能被激活。因此，我们需要使用管理器来实现这个功能。

（3）交互管理器

在组织代码的过程中，如果有一个父对象来管理交互物品，就更容易了。在编辑器中，通常是创建一个预制件，父级预制件包含一个脚本来保存交互状态。在这里，我们确保只有两个按钮都按下才能打开楼梯。如果没有游戏对象知道每个物品的状态，就会很难。来看代码，我们像往常一样定义公共变量和类变量，然后进入交互阻止器部分的第二部分事件。在 **Awake** 和 **OnDestroy** 部分，我们需要处理事件监听。

```
void Awake()
{
    leftTrigger.OnInteract.AddListener(OnLeftTriggerInteract);
    rightTrigger.OnInteract.AddListener(OnRightTriggerInteract);
}
```

```
void OnDestroy()
{
    leftTrigger.OnInteract.RemoveListener(OnLeftTriggerInteract);
    rightTrigger.OnInteract.RemoveListener(OnRightTriggerInteract);
}
```

我们公开定义了每个触发器，并且它们都有自己的事件。在 **Awake** 中，我们监听 **OnInteract** 事件，如果被调用，就会执行作为该监听器的参数的函数。在这里，左侧是 **OnLeftTriggerInteract**。右侧的命名也类似，因此我们只会详细讨论左侧。

```
void OnLeftTriggerInteract()
{
    leftTriggerFired = true;
    if (rightTriggerFired)
    {
        stairsRaised = true;
        OnStairsRaised?.Invoke();
        stairsBlocker.SetActive(false);
        Debug.Log("RAISE STAIRS HERE");
    }
}
```

这里的逻辑是，如果左侧的触发器被触发，我们立即将 **leftTriggerFired** 设置为 **true**。然后检查右侧触发器是否已被触发。如果没有被触发，那么什么也不会发生。如果已经被触发，则将 **stairsRaised** 设置为 **true**，调用另一个动作，将楼梯阻挡器的游戏对象禁用，并记录一个字符串以辅助以后的调试。

OnStairsRaised UnityAction 将被触发，但此时还没有任何内容附加到该动作上。在完成此区域的逻辑并且确定我们需要什么之后，将添加更多内容到该动作中。

有意思的是，这个设置允许玩家从左边或右边开始。这也为我们未来的开发做好了准备。我们不需要把所有东西都准备好，但我们需要理解总体的想法，以便编写相应的架构。

这就完成了当前楼梯解谜的实现。现在 Myvari 已经走上了楼梯，我们需要解决第一个主要解谜，也就是环形解谜。

6.4.2 环形解谜

在通过楼梯后，我们现在面对的是一扇门和几个环形。

门标志着第一个叙事驱动的解谜开始，而光则将玩家引导到一个区域。只有当你注意到门上的图像并将其与谜题环相对应时才能解开这个谜题。让我们分解一下环形解谜的设计。

1. 设计

玩家需要解决的第一个谜题是环形解谜。当你站到解谜平台上时，你的项链将在你面前展示动画，项链和中央的柱子都会发出柔和的蓝色光芒，然后渐渐消失。门上会有一个古老的铭文，显示出如果操作正确，柱子应该是什么样子。

玩家需要推动环中的柱子，使其与门上的天体形象保持一致。这允许在一个小场景中有多个层次的探索和交互。玩家已经从之前给出的提示中知道有环境内的交互，一个小的轮廓指示可以按下与柱子进行交互的按钮。要收集的信息是做到让门上形象的形状与地面上的形状相匹配。图 6.3 展示了该区域的概念，背面大片空的区域是门，其他柱子位于中央柱子外的圆圈中，总共有三个环。

图 6.3　环形和环境探索解谜

完成这个解谜后，门将会打开，但这扇门或废墟周围的区域受到时间的限制。当玩家试图打开门时，走廊内的碎片会坍塌。我们将利用这个机会来完成另一个简单的交互，即穿越狭窄的空间。

2. 实现

我们对如何组合这个解谜做了大量思考。每个环上有两根柱子，总共有三个环。我们需要一个特定的配置来实现设计想法，形成一个星座的形状。另一个问题是如何处理 Myvari 移动这些柱子的操作。起初，我们考虑了推和拉，但为了使事情更简单，我们只采用了推。这样我们只需要考虑一个方向的旋转，同时也省去了动画制作。Myvari 不是一个很大的角色，拉柱子可能没有太多意义。我们需要编写两个脚本。第一个脚本与我们之前使用的可视化触发体的脚本类似。我们将使用它来判断 Myvari 在柱子的哪一侧，以及应该如何旋转它。在将其旋转到正确位置之后，需要有一个解谜管理器来确定最初放置柱子的位置，正确的旋转值是多少，以及如何处理解谜的完成。让我们先看一下简单的部分，了解解谜触发器。

3. 解谜触发器

解谜触发器很简单。我们需要一个盒子，为了调试目的更改它的颜色，就像之前在楼梯中所做的一样，然后我们需要在游戏开始前在检视器中勾选几个选项。这些选项（代表外环、中环和内环）将决定它们所在的环和应该移动的方向，方向有顺时针和逆时针两种。

虽然我们以前见过它，但在这个实现中我们做了一些改动，可以让解谜类访问这个类的一个方法。

```
public void SetColor(Color color)
{
    meshRenderer.material.color = color;
}
```

需要注意的是 **public** 访问修饰符。这个方法接受一个颜色作为参数。请记住这一点，在我们完成这个开始回顾解谜管理器的脚本时会用到。接下来，定义了两个枚举。我们把它们的代码都放在 **FirstPuzzleTriggerType** 和 **FirstPuzzleTriggerDirection** 中。

```
public enum FirstPuzzleTriggerType
{
    Outer = 0,
    Middle,
    Inner
}
public enum FirstPuzzleTriggerDirection
{
    Clockwise = 0,
    CounterClockwise
}
```

我们在类的顶部声明了公共枚举，现在定义这个枚举。这些枚举将允许我们为每个触发器选择环和方向。图 6.4 中给出了枚举在检视器中的示例。

图 6.4　显示在检视器中的公共枚举

如果你选择其中任何一个选项，将显示在上面代码中看到的选项。代码中的另一个小细节是枚举中的第一个值，我们将其赋值为 0。其实编译器也会自动这样做；但是，明确赋值可能是一个好习惯。当有人查看此代码时，他们可以确切地知道枚举值将从 0 开始。

4. 谜题的各部分

打开位于 **scripts** 文件夹的 **FirstPuzzle.cs** 文件，把它附加到层次结构中的 **FirstPuzzle** 游戏对象。我们像往常一样开始定义要使用的变量。对于这个解谜管理器，它需要引用每根柱子部分的变换、中心柱子（负责完成解谜）以及解谜时间的属性。在检视器中赋值的公共变量之后，还有相当多的变量不是公共的，但是在类的逻辑中被赋值和使用。花些时间阅读代码中的注释。我们将在本节的其余部分引用这些类变量。

虽然已经看过几次了，但这次的定义会比我们以前看到的更多。我们将把它插入整个初始化部分并逐个讨论每部分。

```
void Start()
    {
        // Cache references to the trigger volumes and the player
        triggers = GetComponentsInChildren<FirstPuzzleTrigger>();
        playerController = FindObjectOfType<CharacterController>();

        // Random starting positions
        outerPillars.eulerAngles = new Vector3(0f, Random.Range(-180f,
180f), 0f);
        middlePillars.eulerAngles = new Vector3(0f, Random.Range(-180f,
180f), 0f);
        innerPillars.eulerAngles = new Vector3(0f, Random.Range(-180f,
180f), 0f);

        // Starting center spire position
        centerSpire.position = new Vector3(centerSpire.position.x,
centerSpireStartHeight, centerSpire.position.z);
    }
```

对于所继承的 **MonoBehaviour** 类，我们使用 **Start** 方法在游戏启动时初始化柱子的缓存引用和起始位置。首先，我们需要缓存对每个触发器的引用。这里使用了一个 **UnityEngine. Component** 方法，因为我们在该文件的顶部使用了 **using UnityEngine;** 指令，所以可以使用该方法，代码为 **GetComponentsInChildren<FirstPuzzleTrigger>();**。这里使用的类型称为泛型类型。在上面的代码 **FirstPuzzleTrigger** 中，你可以放置任何类型，例如 **Image** 或 **Transform**。在这里，我们只想获取每个触发器。随后我们会解释为什么需要以这种方式获取它们。现在只需要知道它们都在一个仓库里等待被调用。

在下一步中，我们需要使用另一个 UnityEngine 方法 FindObjectOfType，但它属于 Object 类，是 UnityEngine 库的一部分，我们已经申请使用库中的方法。它将找到角色控制器并将其返回给 playerController 变量。

接下来的三行用于设置环的旋转。我们希望环是不一样的，这样如果有人玩了多次，每次都会有所不同。

最后，我们设置了解谜的位置。我们使用这行代码来设置中央尖塔的高度。完成解谜后，中央尖塔将升起来，以便玩家进行交互。这将带你进入下一个部分。我们希望在完成解谜时进行动画处理，以显示通往前方的路。

现在我们将继续讨论 Update 方法，它也来自 MonoBehaviour 类。这个解谜有一个有趣的地方，就是有很多时候我们并不需要做太多事情，大多数时间只需要等待角色将柱子移动到正确的位置。我们运行 Update 部分的方式就像是一种水道中的锁定系统，你必须完成第一步才能进入下一步。对于这个系统，我们有一个非常简化的逻辑流程，你可以在图 6.5 中看到它。

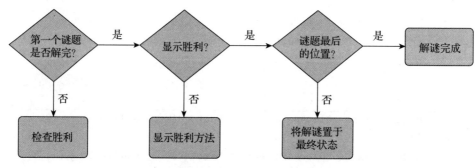

图 6.5　解谜管理器的基本工作流程

好的，在我们完成解谜管理器的过程中要记住图 6.5。这里的第一步是检测胜利条件。我们来深入了解这个过程。胜利条件取决于三根柱子是否已经接近必需的旋转值。

```
outerAligned = CheckAlignment(outerPillars, correctRotationOuter);
```

对每一帧都要检查是否达到胜利条件。因为我们要检测这三根单独的柱子是否达到胜利条件，所以我们不应该在所有三个环上都编写代码。我们应该编写一次，然后让每根柱子都引用这个方法。这称为重构。进一步挖掘，我们应该分解它如何检查是否达到胜利条件。

```
bool CheckAlignment(Transform pillarGroup, float correctRotation)
{
    return Mathf.Abs(pillarGroup.eulerAngles.y - correctRotation) <
correctThreshold;
}
```

首先，我们需要让方法返回一个 bool 值。当你需要响应一个条件语句时，这非常有用。我们想要获取当前的柱子和正确的旋转值。查看当前在 y 轴上的旋转值的绝对值减去正确的旋转值。我们将该值取出并检查它是否小于我们允许的"接近程度"的阈值。如果在范围内，则 outerAligned 返回 true。如果所有三根柱子都返回 true，则 CheckForVictory 将返回 true，这让我们可以继续执行锁定逻辑中的下一个模块。

下一个模块是显示胜利。这似乎是一个没用的模块，只是用于调试的显示效果，但是这里有一个小的逻辑可以帮助我们完成最后一个模块。

```
victoryStartTime - Time.time;
outerStartVictory = outerPillars.eulerAngles;
middleStartVictory = middlePillars.eulerAngles;
innerStartVictory = innerPillars.eulerAngles;
```

设置这四个值非常重要。在继续下一个模块之前，需要设置这些值。我们可能会在最后一个模块中完成此操作；然而，有时候在锁定逻辑中编写所有逻辑是一个好主意，这样你可以轻松调试，并确切地知道你处于什么位置以及在逻辑中的确切点位上需要什么数据。为了完成最后一个模块，我们需要记录柱子的当前信息。我们对柱子的放置位置有一定的容差，这意味着解谜的方案未必总是相同的。现在我们已经保存了柱子的值，出于调试目的，在控制台中显示了胜利，可以继续编写最后一个模块了。

最后一个模块采用 PerformVictoryLerp 方法，花点时间去理解整个 PerformVictoryLerp 方法。我们会在下面分解一个单独的 Lerp。有意思的是，这个方法主要是为了完成最后一个模块而对一些环境元素进行动画处理，因此我们不再检测这个解谜的旋转值。

```
outerPillars.eulerAngles = Vector3.Lerp(outerStartVictory,
outerEndVictory, lerpVal);
```

我们之前已经在角色的代码中使用了类似的 Slerp 方法。那个方法更符合球形需求。Lerp 是线性插值，可以在一段时间内将一个值转换为另一个相同类型的值。在这里，是将柱子的旋转值转换为我们需要将柱子移动到的满足胜利条件的旋转值，因为我们给每个判定的条件留有一定的余地。这个方法可能会让你感到不知所措，如果是这样，请只阅读一行代码，并慢慢地理解。每行代码都有一个任务，为 Lerp 时间提供上下文，或在该时间段内将 Lerp 转换成另一个值。

我们还在锁定系统之外使用了一个 PrintDebug 方法，让我们能够随时检测解谜是否完成。花些时间研究这个方法，并推测它可能向你显示什么，然后运行游戏，看看你的假设是否正确。控制台中是否打印了你意料之外的内容？当看到控制台中的消息时，看看能否根据游戏的逻辑找到它在代码中的位置。

接下来可能会出现的问题是，这是一个很好的方法，但我们如何真正地控制它？为什么我们没有谈及 RotatePillar 方法？这些是很好的问题！让我们在下一节中探讨它们。

5. 解谜控制

在解谜触发器上放置控制功能是否合适？我们的想法是，所有控制机制都应该放在包含控制功能的对象上。我们在 scripts 文件夹中编写了另一个名为 FirstPuzzleControl.cs 的脚本，把它附加到 Character 游戏对象上。该脚本负责设置触发器的颜色，并调用 FirstPuzzle 类的旋转方法。我们以这种方式编写它，因为我们希望确保解谜管理器能够监督每个环的旋转。即使角色是使用输入触发 RotatePillar 方法的对象，解谜管理器也需要旋转玩家正在交互的柱子的部分，因为解谜管理器管理这些游戏对象。以这种方式考虑有点独特。假如管理器管理游戏对象，以及告诉游戏对象要做什么。我们已经在此脚本中引用了这些游戏对象，应该在脚本中保留它们。另一个选项是在附加到角色的控制脚本中也引用它们，然后你会有多个引用，这可能会导致潜在的漏洞。尽可能将游戏对象集中在单个脚本中进行管理。

RotatePillar 方法有些棘手。在这个方法中，我们不仅需要对环进行旋转，还需要让角色一起旋转。来看一看如何做到这一点。

```
public void RotatePillar(FirstPuzzleTrigger trigger)
{
    // Rotate pillars
    float rot = (trigger.triggerDirection == FirstPuzzleTriggerDirection.
Clockwise ? pushSpeed : -pushSpeed) * Time.deltaTime;
    trigger.transform.parent.parent.Rotate(Vector3.up, rot);

    // Keep player locked in trigger volume, facing the pillar. We need to
disable the CharacterController here
    // when setting a new position, otherwise it will overwrite the new
position with the player's current position
    playerController.enabled = false;
    float origY = playerController.transform.position.y;
    playerController.transform.position = new Vector3(trigger.transform.
position.x, origY, trigger.transform.position.z);
    playerController.transform.forward = trigger.transform.forward;
    playerController.enabled = true;
}
```

首先，我们需要知道要对柱子旋转多少角度。我们在方法的作用域中将旋转角度赋值给一个变量，然后使用三元运算符来判断它是顺时针旋转还是逆时针旋转，并乘以 deltatime 以处理帧率的变化，然后使用 parent.parent.Rotate 按照 up 的矢量旋转对象。旋转角度和方向是在上一行决定的，定义为 rot。

有一个问题是，角色需要随着其正在交互的柱子一起转动。第二个问题是，柱子会旋转，因此我们需要让角色面向其推动的柱子。为此，我们将关闭玩家的移动能力，然后直接控制角色到触发器的位置，之后在按住交互按钮的同时保持角色不动。我们还将使用触发器的 `forward vector` 让角色面向柱子。最后，我们将控制权交给玩家。这样就避免了角色永远被固定在推柱子的状态中。

就这样！我们刚刚完成了第一个解谜。解决这个谜题后，门会尝试打开，但门会有一点损坏，只有一个狭小的间隙可以通过。让我们花些时间分解一下为什么狭小的间隙可能是有用的。

6.4.3　狭小的空间

有时游戏需要加载下一个场景，但你可能不想让加载屏幕破坏玩家的沉浸感，或者你可能只想增加一些环境焦虑。再或者你想同时实现这两个目标！狭小的空间是实现这些情况的常用工具。让我们来看看在游戏中如何使用狭小的空间。

1. 设计

狭小空间的概念是一个有趣的设计用途。它有两种使用方式，第一种方式是增加一些紧张感到探索和移动过程中，角色必须通过一个非常狭窄的空间，而她刚刚看到这个空间塌陷了。

第二种方式是常见的用于过渡的设计，由于我们只在游戏的一个小模块中使用这个设计概念，而且不需要加载地图的多数部分，因此这并不是必需的，但对于你这个有抱负的设计师来说，这是一个很好的教学点。

这有助于为玩家设定期望，让他们知道游戏中会有缓慢移动的环节，配合紧张的动画和接近玩家的摄像机来增加紧迫感。在发生这种较长的动画和缓慢移动时，系统可以将下一区域加载到内存中，而不需要使用加载屏幕。这个技巧非常好，因为它不会破坏沉浸感，同时也可以保留细节。没有什么比看到你面前出现加载画布更容易破坏你的想象力。当你通过封闭的空间后，石头会自然落下，走廊会关闭。这不仅阻塞了返回的道路，还给人一种必须向前的感觉。

2. 实现

这种设计的初始实现很简单。我们会让一个智能摄像机（Cinemachine）穿过这些空间，在禁止玩家有任何操作的同时，获取播放过场动画所需的时间感。可以通过以下代码实现：

```
Void SetPlayerEnabled(bool enabled)
{
var cams = playerRoot.
GetComponentsInChildren<CinemachineVirtualCamera>(true);
  foreach(var cam in cams)
  {
     cam.gameObject.SetActive(enable);
```

```
    }
    playerRoot.GetComponentInChildren<MyvariThirdPersonMovement>().enabled
 = enable;
    }
```

我们需要找到子游戏对象中的虚拟摄像机并启用它们，同时禁用玩家角色。在第 12 章中，当触发播放过场动画时，将调用此代码。但是我们将调用为过场动画制作的摄像机，而不是子游戏对象中的虚拟摄像机。

这种实现非常适用于设置逻辑，而不用担心每个过场动画的细微差别，过场动画是时间密集型和动画密集型的。

6.4.4 交互体

交互体是游戏机制的瑞士军刀。交互体的用途非常多，我们无法在本书中涵盖所有用途。这样做也没有多大意义，因为这样定义会削弱设计师的创造力。这不是一个应该以高粒度详细说明的工具。相反，让我们回顾一下使用它以及一些关于它的想法。

1. 设计

因为这是一款冒险解谜游戏，所以我们需要在某些环节中使用交互体，当角色进入这些交互体时，会发生一些事情。这个定义是故意宽泛的。我们还使用智能摄像机作为角色的主摄像机。这使我们能够在触发交互体时把虚拟摄像机连接到特定位置。以下是一些可以通过交互体执行的示例：

- ❏ 将摄像机移动到悬崖边上，给人一种高度焦虑的感觉。
- ❏ 触发岩石下落。
- ❏ 当你走在水中时，让行走动画变慢。
- ❏ 更改环境的照明。
- ❏ 生成游戏对象。

这个列表并不是详尽无遗的，因为交互体是一种创意工具，可以进行交互。我们只是通过几种方式使用它们，但可能性是无限的。在设计交互体时，让你的想象力奔跑吧。

对于许多游戏来说，这是一个非常强大的工具，尤其是对于以环境为驱动、以探索为重点的机制。我们的交互需要环境向玩家说明发生了什么以及如何继续前进。在下面的脚本部分，我们将逐个介绍本章的每个交互体。在后面的章节中，尤其是在润色阶段，你可以看到更多的交互体，以许多小的交互增强体验。这将有助于使环境和游戏玩法更具沉浸感。

2. 实现

幸运的是，你已经看到了交互体的两个版本。回到前面我们的实现，多注意这些交互体。它们在使用中独具特色，并且可以教会你一些在没有完成所有美术资源的情况下进行开发的宝贵经验。

思考一下除了我们已经使用的交互体，还可以使用哪些其他方法。是否有交互体是你想要添加的？

现在，让我们简要总结一下在游戏中使用交互体的情况。

- ❏ 我们在任何可以使用输入操作的地方使用交互体。例如，可以使用楼梯按钮来到楼梯处。
- ❏ 我们添加了一个交互体，以知道玩家是否处于第一个解谜区域。这使得摄像机可以移动到更有利的位置，以便通过视觉推断谜题。
- ❏ 解谜模块上的触发器让你知道你是否已经到达可以进行交互的位置。
- ❏ 有一个交互体可以让你知道你已经进入了狭小空间的触发点。
- ❏ 穿过桥时，有一个小交互体可以改变摄像机的角度，以获得更具电影感的拍摄效果。
- ❏ 在桥的尽头，有一个交互体可以触发另一个狭小空间的过场动画。
- ❏ 当处于壁架上时，有一个触发器会让一块岩石掉落在你身上，然后你会抬起手臂进行防御。这将触发你发现一种新的能力，也是一种新的机制。
- ❏ 更多的触发器用于打开另一扇门。
- ❏ 有些触发器附加在可以使用心灵感应与之交互的物品上。
- ❏ 有些触发器附加在最后一个解谜模块上。

这是我们核心游戏玩法中所有触发器的总结。还有一些与环境植物和动物有关的触发器，但它们只是负责小的变化或鸟类、鹿类的简单移动的碰撞触发器。它们的位置是随机的，只是用于装饰目的。

6.5　小结

在本章中，我们讨论了交互和机制的设计和实现。尽管玩家的体验和交互似乎非常简单，但是对玩家能力的设计深度使得玩家能够了解他们的极限并探索游戏玩法。我们花了很多时间讨论交互和机制，并定义了游戏循环，分别解释了机制工具箱的某些部分。这是一个关于各种游戏体验的快速教程。最后，我们对游戏进行了一些分析。

我们分解了楼梯交互以及如何管理它们，同时讨论了楼梯问题存在的原因以及如何解决。之后，讲解了第一个解谜的设计，接着详细说明了我们实现的版本。完成这个解谜后，会进入一个狭小的空间环节，如果我们开发的是一个较大规模的项目，那么这个环节可以用于加载剩余的关卡。最后，我们还简单介绍了如何使用交互体。因为在之前的实现中使用了两种不同类型的交互体，所以我们也介绍了这些交互体。

总体而言，本章的信息量非常大。请花些时间停下来，消化一下你刚刚学到的内容。即使你感觉可以继续学习，但是让我们先放松一下，让你的大脑来处理所有这些知识。在下一章中，我们将讨论物理机制和交互。

Chapter 7 第 7 章

刚体和物理交互

在许多游戏交互中都需要物理元素。无论你是让物品掉落、弹跳，还是只是以程序的方式对碰撞做出反应，大概率都需要把刚体组件用在游戏对象上。刚体组件使用物理引擎。我们将首先介绍刚体组件的几个用例，之后，我们将花一些时间讲解如何在项目中实现物理交互。最后，我们将尽可能详细地展示用于实现这些交互的脚本。与往常一样，GitHub上的项目文件将遵循 Readme 文件中的结构。本章的主题包括：

- ❑ 刚体组件。
- ❑ 设计与实现。
- ❑ 心灵感应（telekinesis）与物理交互。

7.1 刚体组件

这个强大的专注于物理的组件可以添加到游戏对象中，通过物理引擎来确定游戏对象的位置。默认情况下，只要将物理组件添加到游戏对象中，它的运动就会受到重力的影响。

为了理解 Unity 如何使用物理组件，让我们花点时间看看这个组件的情况。

图 7.1 所示是 Unity 中刚体组件的截图。这里是一个刚体 2D 组件，不要在 3D 应用程序中使用它，因为 2D 和3D 版本的物理组件不能相互兼容。最好先选择好合适的物理组件！下面会讲解图中刚体组件的所有属性。

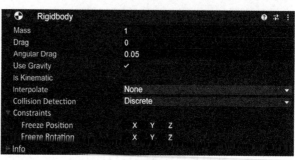

图 7.1 刚体组件

7.1.1　质量

刚体的质量（Mass）属性指的是该物体与其他物体的质量的关系。这个属性不会影响重力对物体的影响，但它会影响物体与其他物体的碰撞效果。例如，如果两个除了质量属性不同，其余属性完全相同的游戏对象发生碰撞，质量较大的物体会表现得更重。就像在现实世界中一样，质量大不会导致物体下落得更快，但改变其运动状态会更难。

7.1.2　阻力

物体受到阻力（Drag）影响后将减小因重力产生的加速度。降落伞就是一个例子，它可以大大减小物体下落的加速度。例如，高空跳伞运动员刚跳下飞机时受到的阻力很小，当他们打开降落伞时，受到的阻力会增加很多。这与物体的旋转无关。

7.1.3　角阻力

角阻力（Angular Drag）与阻力是相同的概念，但它主要针对的是旋转的对象。如果角阻力的值非常小，那么物体在弹起或碰撞时会发生旋转，具体取决于碰撞物体时的角度。如果你增加这个值，它会旋转得更慢。

7.1.4　使用重力

使用重力（Use Gravity）选项能够简单地让重力对游戏对象起作用。如图 7.2 所示，在菜单 Edit → Project Settings → Physics 中，Gravity 的值被定义为 –9.81，与地球的重力相同。将 Y 的值设置为 –9.81，对于玩家模拟地球重力来说是最熟悉的。如果你制作的是一款重力较小的游戏，并且其值始终保持不变，那么可以在这个窗口设置，也可以在代码中设置重力：

```
Physics.Gravity = Vector3(0, 0, 0,);
```

其中，0 应该被替换成你需要的重力值，一般是设置 Y 方向的重力值。

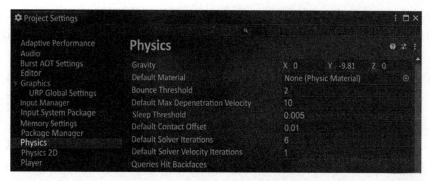

图 7.2　项目设置——物理设置页面

7.1.5 Is Kinematic 选项

在设计关卡时，可能会有一些到处移动的物体需要在游戏运行时影响另一个刚体的物理特性。你可以想象的一个非常简单的例子是位于一个大立方体上方的一个带有刚体组件的球体。当你按下 Play 键时，球体会按预期落下并撞击立方体。如果你不勾选 Is Kinematic，并修改立方体的旋转值，那么球体将保持下落并穿过立方体。这是因为立方体作为一个可移动的物体，在球体撞击它并停止后没有自我更新。在优化游戏的过程中勾选 Is Kinematic 很有帮助，并且可以为每个静止的但仍然需要有刚体组件的已知物体勾选这个项。不过，如果你需要在游戏运行时更新物理信息，当你设置了立方体的旋转值，并且勾选了 Is Kinematic 时，球体将按预期反应，从立方体的倾斜坡角滚落。

当你开始使用物理特性时，这是一个很常见的错误。如果在游戏运行时，刚体物体没有按照你期望的方式移动，检查一下是否应该为这个物体勾选 Is Kinematic。

7.1.6 插值

插值（Interpolate）的意思是把东西放在其他东西之间。在我们的例子中，需要知道在进行物理更新时，插值是否试图使用下面三个参数之一。

❏ 无（None）：不进行插值或外推（Extrapolate）。

❏ 插值：将对象置于当前帧和下一帧之间。

❏ 外推：根据前几帧的位置来推测下一帧的位置，然后设置这个对象。

很难回答哪个参数适合进行插值，原因是在处理插值时不止一个选项。

有多个变量需要考虑，这些变量可能包含诸如这些问题：摄像机如何移动？物体是否在快速地移动？你是否担心碰撞看起来不正确？你是否担心每次摄像机跟随物体移动时，物体的移动不正确？简单的回答是：如果你的摄像机跟随一个使用刚体组件的角色，则将角色的参数设置为 Interpolate，而将其他所有物体的参数设置为 None。

深入介绍一下物理系统，这个系统以固定的时间间隔进行计算，这与图形渲染相反。游戏中的图形可能会略有滞后并突然出现，而物理系统将始终以固定的时间间隔进行计算。这可能会导致视觉上出现瑕疵，例如卡在墙上。如果快速移动的对象被摄像机紧跟并与墙壁或周围的游戏对象发生碰撞，则会看到对象与场景中的墙壁或其他游戏对象剪切在一起。该对象最初会穿过墙壁，直到物理系统更新，然后它会更新，效果像从墙上弹回一样。

在这种情况下，你可能想要选择 Interpolate 选项，因为物理系统会在渲染图形时插入中间值，这样在物理场景中移动就不会发生剪切了。这确实会损失一些性能，因为相比正常情况，物理系统会在不同的时间间隔内计算数值。

Extrapolate 选项可以很好地计算出未来的数值。这有助于模拟飞行对象，但不利于碰撞检测，因为系统会假设这个对象可以穿过墙壁或其他对象并以更高的帧速率和运动速率进行剪切。对于被紧密跟随的运动，可以使用 Interpolate 或 Extrapolate 选项。

最好从选择 Interpolate 选项开始，看看它是否适合你的游戏中的移动体验。如果感觉很慢，请尝试 Extrapolate 选项。在动作序列中使用更高的移动速度，以权衡二者的优劣，并最终决定使用哪个插值方法。

了解插值将有助于你在使用物理值和物理模拟项的图形表达时选择最佳的插值选项。

7.1.7　碰撞检测

当使用物理值来确定游戏对象的位置时，需要进行碰撞检测（Collision Detection）以确定你的对象是否与另一个对象发生碰撞，而不考虑游戏对象在场景中是保持静止还是在移动。这是一个有趣的难题，因为你已经了解到物理的计算时间是固定的，而渲染时间是不固定的。物理系统无法假设每个对象都使用什么来设置碰撞类型或插值。在游戏中，我们需要有几个能符合每个游戏对象的物理需求的选项。可以考虑四种不同的碰撞检测模式：离散（Discrete）、连续（Continuous）、连续动态（Continuous Dynamic）和连续推测（Continuous Speculative）。如果你有一个快速移动的游戏对象，它可能会穿过其他游戏对象，这意味着它可能不会知道它已经撞上了碰撞器，并且会继续移动，因为物理计算已经更新了，这种情况可以通过碰撞检测模式来避免。每种模式对性能都有不同的影响，然而，一般准则是将快速移动的物体设置为连续动态模式，而将它们可能碰撞的物体设置为动态模式。其他选项会在下面的章节介绍。

1. 离散

这是性能最好的碰撞检测模式，它恰如其分地命名为"离散"，因为前面提到过，系统只以固定的时间间隔检查物理碰撞。如果有一堵带有盒状碰撞器的墙，还有一个移动得足够快的球，球在没有与墙发生碰撞之前的位置是已知的，但在下一次更新时已经穿过了墙，那么就不会发生碰撞！一开始你可能会有挫败感，因为碰撞检测看起来没有起作用。更令人失望的是，碰撞检测只会间歇性地起作用，因为当你运行几次这个模拟系统后，球可能又和墙发生了碰撞。我们需要理解为什么会出现这种情况，以便根据物理模拟的需求来选择不同的碰撞检测模式。出现这种情况的原因是物理系统更新时并不知道物体可能会受到影响。离散模式下的物理循环只会检查对象是否需要在循环中改变轨迹，如果有一个快速移动的物体，每帧移动的距离超过其高度或宽度，那么这个物体可能会在某个时间点穿过另一个物体，而物理系统将不知道如何对其做出反应。

如果没有快速移动的物体，离散模式是最好的选择。如果你打算添加快速移动的物体，那就选择连续模式，但请继续看看其他选项，因为这些选项都不相关。

2. 连续

如果选择连续模式，你仍然可能会看到物体穿过游戏对象，而这并不是你想要的结果。这里要重点理解的是，连续模式下的碰撞检测只会检查你的游戏对象是否与静态对象发生碰撞。此模式会占用大量资源，应谨慎使用。

静态对象是场景中带有碰撞器组件但没有刚体组件的游戏对象，所以它们不会有物理更新。有些碰撞检测模式只适用于静态游戏对象。

使用连续模式的对象的一个例子是，只会与静态对象发生碰撞的快速移动的游戏对象。最简单的例子就是弹珠盘游戏，在这款游戏中，一个小金属球从屏幕上方落下，击中静态物体，然后反弹。场景中的所有物体都是静态的，所以不会发生剪切。

3. 连续动态

这种模式与连续模式非常相似，但它也适用于带有刚体组件的游戏对象。连续动态模式在游戏机制中很常用。可以想象，加入对刚体组件的支持会增加资源成本，比标准的连续模式需要的资源更多。

连续动态模式的一个例子是你可能玩过的游戏 *Smash Hit*。这是一款手机游戏，在游戏中你是一名在轨道上向前移动的玩家。当你点击屏幕时，一个金属球就会向你点击的位置发射出去。如果金属球撞到玻璃，玻璃就会碎掉。玻璃是动态的，在金属球击中的地方发生交互，这些碎片也是动态的，在下落时与环境发生交互。如果不是动态的，金属球就会直接穿过玻璃。这将大大降低游戏的娱乐性！

4. 连续推测

"推测"这个词有猜测的意味。系统会推测碰撞是否会发生。

该模式与连续动态模式相同，具有此设置的对象可以与静态游戏对象和动态游戏对象发生碰撞，但它消耗的资源更少，不过在准确性方面会差一些。如果对两个相互飞向对方的物体都设置了连续推测模式，那么它们可能会在还没有碰到的情况下弹开。这是因为两个物体都在推测它们在下一帧中的位置，使得它们都认为自己应该相互反弹。

《节奏空间》游戏就是一个例子，这是一款虚拟现实游戏，你必须以特定的角度击中方块才能正确地切割它们。将你的光剑的碰撞检测设置成连续推测模式，可以帮你击中以高速率向你移动的方块。

理解碰撞检测的所有模式，可以帮助你为基于物理的游戏创建正确的配置。花点时间在你自己的项目中尝试这些模式，能够更好地理解它们是如何工作的。

7.1.8 约束

我们已经讨论了一些难题，让我们回到一个更简单的话题：约束（Constraints）！和你想的完全一样：如果游戏对象不应该在特定的轴上移动或旋转，那么你可以给它设置约束。这方面的一个例子是有可移动平台的平台游戏，你想让平台可移动，但可能不是沿着特定的轴移动。为了确保平台不会偏离轨道，你可以在 x、y 或 z 方向上约束游戏对象，这样它就不会在这个方向上更新位置了。

这是刚体组件上的最后一个可编辑字段。下面将专门介绍用于运行时调试的只读字段。让我们来看看你可以从这些字段中获得哪些信息。

7.1.9　信息块

刚体组件的信息块（Info）对于处理物理系统和调试可能出现的奇怪行为是必不可少的。每个应用程序都可能出现独特的问题。在运行时查看信息块对象，你可以轻松地找出问题的原因。这个部分有多个值。

❑ 速率（Speed）：速率的大小。

❑ 速度（Velocity）：刚体位置的变化率。

❑ 角速度（Angular Velocity）：刚体的角速度矢量，单位为弧度 / 秒。

❑ 惯性张量（Inertia Tensor）：参考坐标系中的对角矩阵，位置在物体的质心，并通过惯性张量旋转的值进行旋转。

❑ 惯性张量旋转（Inertia Tensor Rotation）：惯性张量的旋转值。

❑ 局部质心（Local Center of Mass）：相对于 Transform 原点的质心。

❑ 世界质心（World Center of Mass）：刚体在世界空间的质心。

❑ 睡眠状态（Sleep State）：优化策略，用两个值实现，不一直考虑每个对象。

 ❍ 觉醒（Awake）：物理系统考虑这个刚体。

 ❍ 睡眠（Asleep）：物理系统不考虑这个刚体。

根据你在运行时想要查看或调试的内容，上述每个值都有其独特的用途。在前文提到的平台游戏中，你可能会认为平台应该与角色保持一致，但有东西把它推开了，使角色无法降落在平台上。使用信息块，你可以查看角色的移动状态或速度。如果 z 方向上不应该有速度，则检查一下该值就可以让你知道它是否在按预期工作。

我们现在对 2D 刚体组件的工作方式有了很好的了解，如果在构建以物理为中心的交互时遇到令人迷惑的移动行为，可以参考本节。

7.2　设计与实现

我们可以很容易地为每个游戏对象添加物理元素，从而让游戏对象在交互时能够移动。当游戏中的交互需要提供奇妙的体验时，并不是每个物体都需要刚体来完成它的运动。在游戏优化的最后阶段，最关注的就是每秒的帧数。尝试去掉任何可移动的游戏对象的刚体组件，但如果确实需要，再添加回来。

7.3　心灵感应与物理交互

对于第一个解谜小游戏，我们专注于让环境叙事成为重要的兴趣点。从你走进第一个

  ❍　Info 块在 2023 版 Unity 编辑器中已被移除。——译者注

房间的那一刻起，你的视线将被引导在后门上，那里有解谜小游戏的答案。在最后的解谜小游戏中，我们需要迫使玩家动更多的脑筋去解开谜底，而不是围绕着谜题寻找答案。为了做到这一点，我们决定赋予玩家心灵感应的力量，让主角 Myvari 意识到她一直都有这个能力。我们通过 3 个步骤让玩家理解这一点。

7.3.1 岩石掉落

在这款游戏中还没有出现过任何形式的心灵感应。有些魔法来自她的项链，但我们需要提供一些信息来告诉玩家她身上有一些东西。播放过场动画可以很好地解决这个问题，我们需要设计这种交互。

1. 设计

在完成第一个门的解谜后，会看到一个巨大的走廊，里面有展示过往历史的旧雕像。通过这些雕像可以很好地了解 Myvari 的种族以前的文化。这里没有什么需要解开的谜底，只是惬意地散步。最后一座雕像的背后是一个狭窄的空间，穿过这个空间即是一条悬崖小径，大约走到一半时，一些岩石掉落下来，然后会触发一个过场动画特效，Myvari 用她的心灵感应术保护自己免受这些坠落的岩石的伤害。她看起来很困惑，但是需要继续前进，去弄清楚到底发生了什么。她的冒险精神召唤着她继续前进。

2. 实现

这里需要实现两个部分的内容，其中一大部分是 Myvari 和岩石坠落时的过场动画。播放过场动画的时候用户不能有交互，这有助于玩家获取信息，但不应过度使用，因为那样游戏可能会变成一部交互式的电影。第二部分是基于物理引擎特性的岩石从巨石上坠落的次级移动。

过场动画会以与之前相同的方式触发：我们禁止玩家操作 Myvari 或摄像机，当把摄像机移动到要突出显示的对象（在这里是巨石）时，过渡到过场动画。如果你需要复习这方面的知识，可以参考 6.4.3 节。

然而，对于基于物理参数的岩石，我们不能只播放动画，而是想让岩石自己坠落的效果更逼真。物理引擎让更大的岩石看起来像是掉下来的，这有助于提升游戏带来的沉浸感，因为这就像是真实生活中遇到的情形。

虽然这展示了 Myvari 的心灵感应，但我们需要让玩家进行交互，否则这只是一种玩家无法使用的能力。接下来将讨论玩家的交互。

7.3.2 破损的底座

这是玩家第一次使用 Myvari 的新能力。我们需要设计这个谜题，让玩家不会因为没有使用过这种力量而错过它。这个底座是最后一个解谜游戏的一个小型版本。

在这个小型版本中，你需要把掉落的碎片放在底座上来修复它。我们需要非常仔细地设计这个情境，以确保玩家在按下交互按钮前就能理解这里是如何操作的。我们一起来看一下如何设计。

1. 设计

当角色沿着悬崖小路穿过一座摇摇欲坠的小桥后，小桥倒塌了，退回去的路也就没有了。唯一的出路是穿过一扇大门。当角色走进大门时，会进入一个巨大的开放洞穴，底下是一个水池，背景是废墟，预示着某种厄运。Myvari 的正前方是一个破损的底座，但破损部分的碎片就在附近的地面上。看着底座，我们可以看到它的边框色与保护 Myvari 不被岩石击中的力量的颜色相同。我们会显示一个 UI 辅助工具来演示该按下哪个按钮，这将在第 8 章中详细介绍。这样会把 Myvari 的能力与按钮进行绑定，为玩家提供便利。当按下按钮时，Myvari 从地面上捡起碎片，将它们放在底座上，底座自己会修复并发光。当按下交互按钮时，开放空间就会变成夜景，从水底下升起一条通往废墟的小路。

2. 实现

我们知道此处要实现的机制是最终解谜的一个子集。为此，我们不想让代码只用于这一个机制，而是使用一个公共枚举将其变为一个简单的独立模块。

好了，让我们继续讨论最终解谜的设计，然后讲解所有内容以及最终解谜的实现。

7.3.3　最终解谜

我们进入了最终的大解谜。幸运的是，我们花时间向玩家展示了 Myvari 从掉落的巨石中获得的力量，然后玩家学会了如何用这种力量来修好破损的底座。现在我们揭开了这个谜题的一小部分，但要让环境告诉玩家需要做什么，我们来进一步看一下如何设计最终的谜题。

1. 设计

现在角色已经到达了废墟，背景中有一些建筑，这些建筑的柱子上的一些符文被点亮了。对应地面上的一些线，这些线连接了所有柱子。这个谜题由六根将能量连接到主树的柱子组成，主树在废墟中心，它们之间用线相连。这些线只连接了三根柱子。Myvari 需要用她的心灵感应能力，根据地面上的线去正确地连接其余的柱子，给树提供能量就能打开树上的一个小隔间，里面放着一顶王冠。王冠是通过过场动画揭示的，至此，这个垂直切片的演示将结束。现在我们对要做的工作有了大体的构思，让我们继续实现。

2. 实现

这个谜题的实现是心灵感应机制的完结。完成它后就可以进入更高级的主题了。为了保证效果，我们会在这里回顾所有主题并尽可能详细地讲解，以确保你能关注到很小的细节，因为这里有一些信息在初次阅读时似乎是隐藏的或反直觉的。

让我们先来看一下 Unity 的执行顺序。我们还没有讨论它的内部机制。

（1）执行顺序

在运行时或者在编辑器内构建并运行游戏时，每一帧的执行都有一个顺序。我们本来打算向你展示一个流程图，但它有点太大了，所以只能在这里放置一个链接（https://docs.unity3d.com/Manual/ExecutionOrder.html）供你查看。此处会介绍更高层的话题以及它们为什么在每个部分都很重要。

这里的主要概念是必须有一个执行某些代码的层级结构。我们需要认真考虑在每一帧中要处理的逻辑，以此作为一个基准。一个令人感觉不适的事实是，有很多事情需要考虑。下面是按时间顺序排列的列表，其中只包含最上层的术语，每个术语都有一小段解释。

❏ Initialization（初始化）：只用于 `Awake` 和 `onEnable`。
❏ Editor（Unity 编辑器）：当添加了脚本并且不处于运行模式时会重置。
❏ Initialization（初始化）：`Monobehaviour` 初使化的第二部分，只用于 `Start` 方法。
❏ Physics（物理操作）：所有物理参数发生更新的地方，如果固定时间戳大于帧的更新时间，那么每一帧有可能运行多次。
❏ Input Events（用户输入相关的事件）：不关注更新的输入事件，比如 `OnMouseDown`。
❏ Game Logic（游戏逻辑）：包括更新、协程逻辑和生成、动画事件、修改属性以及运行 `LateUpdate`。在本章后面实现游戏逻辑的部分，会更容易理解这些内容。
❏ Scene Rendering（场景渲染）：每一帧中的很多场景渲染功能都在这里运行，处理摄像机剔除的对象、可见的对象以及后渲染。我们不会仔细讲解这部分内容，如果你有兴趣，请阅读执行顺序手册以获取更多信息。
❏ Gizmo Rendering（小工具渲染）：专门用于 Unity 编辑器的 `OnDrawGizmo` 方法。
❏ GUI Rendering（用户界面渲染）：`OnGui` 方法，在每一帧中可以运行多次。
❏ End of Frame（帧末尾）：在帧运行的最后阶段可以暂停协程或者异步，等待其余逻辑执行完成后，再执行下一次游戏逻辑的最外层逻辑。
❏ Pausing（暂停时）：当程序已经暂停，或者在程序暂停前运行的那一帧。
❏ Decommissioning（清理）按照 `OnApplicationQuit`、`OnDisable` 和 `OnDestroy` 的顺序清理内存。

在继续下一节之前，你需要确定已经理解了某些内容。但是，你不需要理解上述所有术语。这里有很多东西要学习，如果你查看执行顺序的相关文档，将看到对每个方法更详细的介绍。在本章剩下的部分中，我们会展示代码执行的各个部分，并解释影响代码的因素。

从按时间顺序排列的列表中得到的关键信息是 Unity 有一个顺序。作为开发人员，这是一个很简单的概念。当你对某些逻辑为什么会这样感到困惑时，可以参考这里来看看你遇到的是否是执行顺序问题。

在下一节中，我们就对要关心的执行顺序有概念了，并且知道如何将其应用于以后的开发工作中。

现在我们已经了解了执行顺序，下面应该进入代码阶段。这里使用三个脚本来实现心灵感应机制：

❑ PhysicsPuzzleTrigger.cs
❑ PhysicsPuzzlePiece.cs
❑ FinalPuzzle.cs

PhysicsPuzzleTriggers.cs 中有两段重要的代码需要了解：PhysicsPuzzleTrigger 类和 PhysicsPuzzlePieceType 枚举类型。我们首先处理 PhysicsPuzzlePieceType，因为它比触发器更容易理解。这里有一个枚举，让我们可以在游戏对象上选择解谜模块的类型。定义如下：

```
public enum PhysicsPuzzlePieceType
{
    First = 0,
    Second,
    Third,
    Intro,
    Any
}
```

然后，在 PhysicsPuzzlePiece.cs 脚本中，像下面这样实现：

```
public class PhysicsPuzzlePiece : MonoBehaviour
{
    public PhysicsPuzzlePieceType pieceType;
}
```

当我们将 PhysicsPuzzlePiece.cs 脚本添加到任何游戏对象后，都会得到一个下拉菜单用于选择类型。当需要将明确的元素组合在一起时，这非常有用。我们利用这个代码实现相同的机制，但可以有不同的解谜类型。

我们在 7.3.2 节提及了将在整个机制的实现中做解释。我们所做的是让 Intro 的选项与这一机制保持一致，明确这个动作。尽管不可能在那个位置找到最终的谜题，但这是确保数据与代码一致的一个很好的实践。

让我们回到 PhysicsPuzzleTrigger.cs 脚本。首先声明我们一直使用的字段，但在第 12 行，有两个特别的概念需要学习，即 static 和 UnityAction 的用法：

```
public static UnityAction<PhysicsPuzzleTrigger, PhysicsPuzzlePiece>
OnPieceSlotted;
```

我们将详细解释这段代码在做什么，以此来解释 static 和 UnityAction 的上下文是什么。完成之后，我们将继续介绍如何在此代码中使用它们并将其应用在该机制中。

（2）静态方法

静态方法、字段、属性或事件可以在命名空间内的任何类上调用，而不需要使用 `using` 指令或继承。假设有一个脚本，定义了一个字段：

```
public class StaticTest
{
    public static int StaticInt = 10;
}
```

然后对于项目中的另一个脚本，不需要专门使用 `using` 指令或者继承这个脚本，就可以像下面这样访问它：

```
public class UseStaticTest
{
    int BaseNumber = 0;
    int NewNumber = BaseNumber + StaticTest.StaticInt;
}
```

这看起来可能不是很有用，但这个概念是一个很重要的部分。其他类可以通过"类名 . 成员名"的形式来访问类的静态成员。

例如，由于 `static` 字段只有一个实例，因此经常使用它来记录计数。这里用它来存储了一个 `UnityAction`。在使用这个 `UnityAction` 之前，需要先进行讨论。

（3）委托

`UnityAction` 是 Unity 特有的委托。C# 中的委托是一种泛型的概念，即有一个参数列表的方法也能返回某个类型。有意思的是，`UnityAction` 默认返回 `void`。有一种常见的解释委托的方法是理解订阅模型的概念，这意味着当某些代码使用委托时，委托会寻找附加于它的方法，只要这些方法返回相同的类型，它就会尝试运行附加于它的方法。这有点抽象，让我们看一个例子。我们将使用 `UnityAction` 类的实现 `MathAction` 来增加按钮被按下的次数，然后看看这个新数字是偶数还是奇数：

```
using UnityEngine.UI;

public class UnityActionTest : MonoBehaviour
{
    public Button AddButton;
    private UnityAction MathAction;
    float TimesClicked;

    void Start()
    {
```

```
        AddButton = GetComponent<Button>();

        MathAction += AddOne;
        MathAction += CheckEven;
        AddButton.onClick.AddListener(MathAction);
    }

    void AddOne()
    {
        TimesClicked++;
        Debug.Log("Clicked count : " + TimesClicked);
    }

    void CheckEven()
    {
        if (TimesClicked % 2 == 0)
        {
            Debug.Log("This click was even!");
        }
        else
        {
            Debug.Log("ThIs ClIcK WaS OdD.");
        }
    }
}
```

我们使用的是 Button 类，所以要确保引入了 UnityEngine.UI，这样我们就可以使用这个类中的按钮了。接下来，创建一个名为 MathAction 的 UnityAction。在 Start 中，我们获取了按钮的引用以便为其添加逻辑。然后我们将 AddOne 和 CheckEven 方法附加到 UnityAction。你看到的 += 是为了让 MathAction 按顺序将自己附加到这些方法上。

 加法赋值运算符：我们使用的是一个特别的语法糖，以让代码更简洁，从而便于阅读和减少冗余。加法赋值运算符是这样用的：

```
MathAction += AddOne ;
```

另一种写法是：

```
MathAction = MathAction + AddOne;
```

然后你可以看到我们将 **UnityAction** 赋值给了按钮的监听器。当你按下按钮时，这两个函数都会运行，因为它们都被赋值给了 **UnityAction**。

在进一步深入代码之前，我们需要介绍另一个主题——协程。

（4）协程

协程允许你将任务分散到多个帧中。这不是多线程的一种形式，每个动作仍然在主线程上运行。协程的强大之处在于，允许使用一个新的术语 **yield** 直接暂停当前逻辑。如果没有在浏览器选项卡中设置执行顺序，请参考图 7.3。左边的说明写得很好：如果一个协程之前已经产生，但现在要恢复，那么执行将在更新的这一部分进行。

太棒了，不是吗？如果你想问，它怎么知道要恢复？好问题，答案是因为代码中有这样的逻辑。Unity 文档中有一个很棒的例子，介绍了使用协程实现从不透明到透明的基本渐变。让我们快速浏览一下：

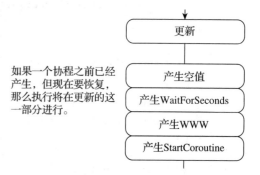

图 7.3　游戏逻辑的执行顺序

```
void Update()
{
    if (Input.GetKeyDown("f"))
    {
        StartCoroutine(Fade());
    }
}


IEnumerator Fade()
{
    Color c = renderer.material.color;
    for (float alpha = 1f; alpha >= 0; alpha -= 0.1f)
    {
        c.a = alpha;
        renderer.material.color = c;
        yield return null;
    }
}
```

这里重点介绍三处对你们来说可能比较新的概念。**StartCoroutine(Fade())** 要求应用程序启动一个协程，传入 **Fade** 方法。在游戏逻辑开始的过程中，在 **yield** 语句的最下方启动协程，请再次参考图 7.3。

　　`IEnumerator` 声明这个方法是可迭代的。回想一下你上次创建方法时的情形。方法名前面的关键字是类型。如果不返回任何值，则使用 `void`，但由于这里有迭代逻辑，因此方法需要知道返回类型。我们把 `IEnumerable` 作为返回类型来让计算机知道这一点。

　　最后一部分是 `yield return null`。第一次使用 `for` 循环时会有点棘手。在大多数情况下，`return` 将带你离开循环，但由于这里有一个 `yield`，Unity 会询问我们是否已经完成了方法中的所有内容。协程会在从当前的 `alpha` 值减去 `0.1f` 后暂停，并等待游戏逻辑重新开始，直到满足 `for` 循环的停止条件。执行完成后，就不会再执行 `yield` 语句了。

　　总结一下这段代码，按下 F 键将使这个脚本中的游戏对象淡出场景。相信你现在已经很好地掌握了这些概念。让我们回到项目中的代码来完成我们的实现逻辑。

　　（5）回到代码

　　我们解释了一些关键概念，现在我们回到代码。打开备份代码 PhysicsPuzzleTriggers.cs。这里的概念是，角色拥有心灵感应能力，当将一个物品移动到触发范围附近时，物品就会在我们定义的过渡时间内自己移动到某个地方。我们之前看到过 `OnTriggerEnter`，所以对于范围触发器并不陌生。我们确实希望它能够自己移动，所以需要禁用刚体的一些字段并禁用碰撞器。这是在 PhysicsPuzzleTrigger.cs 的第 28～33 行完成的。

　　现在，我们可以看到新的代码。我们需要设置物品从一处过渡到另一处所需的引用，因为这个脚本会被用在几个游戏对象上，所以需要引用它们的相对位置。

　　然后，我们在第 40 行启动协程。

```
StartCoroutine(TransitionTween());
```

我们有一些代码用于更改触发器的颜色以及临时调试。

　　然后，我们有一个 tween 循环，这是一个动画术语，表示补间，在我们的例子中，这意味着位移的变化。只要运行时间小于 `tweenDuration`，就让 While 循环一直运行，运行时间的归一化值在代码中定义为 delta。然后，我们对位置进行 Lerp（插值）调整，并对旋转进行 Slerp 调整，让 Transform 满足我们的期望。

```
while (Time.time - tweenStart < tweenDuration)
    {
        float delta = (Time.time - tweenStart) / tweenDuration;
        tweenPiece.position = Vector3.Lerp(tweenStartPos, transform.
position, delta);
        tweenPiece.eulerAngles = Vector3.Slerp(tweenStartRot,
transform.eulerAngles, delta);
        yield return null;
    }
```

最后，我们看到了 `yield return null`！

我们现在暂停了，直到下一个游戏逻辑循环开始，除非 **tweenDuration** 已经完成，否则不会进入 **while** 循环，这意味着我们已经完成了 **tween** 循环。我们在第 61 行设置了移动部件的位置和角度，以确保 Transform 可以在我们的 **UnityAction** 中被引用。

```
tweenPiece.position = transform.position;
tweenPiece.eulerAngles = transform.eulerAngles;
OnPieceSlotted?.Invoke(this,tweenPiece.
GetComponent<PhysicsPuzzlePiece>());
```

现在，我们看一下 UnityAction：

```
OnPieceSlotted?.Invoke(this, tweenPiece.
GetComponent<PhysicsPuzzlePiece>());
```

这看起来很有意思。为什么这里有一个问号？在执行下面的方法之前，有一个条件运算符叫作"空条件运算符"，它会查询 OnPieceSlotted 是否为空。这是另一个语法糖。你也可以通过一个 **if** 语句检查 OnPieceSlotted 是否为空。

在 **UnityAction** 的例子中，这是非常具体的。它查询是否有方法被附加到了这个动作。

如果有方法被赋值给这个 **UnityAction**，那么请调用任何传入了以下参数的函数：游戏对象 **this** 和 **PhysicsPuzzlePiece** 类型的 **tweenPiece**。

这就是神奇之处。还记得我们将 **OnPieceSlotted** 作为 **PhysicsPuzzleTrigger** 类的静态成员吗？打开 **FinalPuzzle.cs**，我们来展示静态成员的强大。

在 **Start** 中，我们将一个名为 **OnPieceSlotted** 的局部方法从 **PhysicsPuzzleTrigger.OnPieceSlotted** 添加到静态的 **UnityAction** 中。我们知道，当玩家将一个对象放入正确的位置时，在协程结束后，它需要更新原来的对象。是最终解谜还是入门解谜？我们使用 **PuzzlePieceType** 中的枚举定义了这个函数：

```
void OnPieceSlotted(PhysicsPuzzleTrigger trigger, PhysicsPuzzlePiece
piece)
    {
        if (piece.pieceType == PhysicsPuzzlePieceType.Intro)
        {
            Debug.Log("FINAL PUZZLE INTRO SOLVED. Trigger environment
transition here");
            tempBridge.SetActive(true);
        }
        else
        {
            numPiecesSlotted += 1;
```

```
if (numPiecesSlotted >= 3)
{
    Debug.Log("FINAL PUZZLE SOLVED! Trigger portal event");
}
    }
  }
```

这个由 **UnityAction** 运行的局部方法会传给我们触发器，而 **piece** 会告诉我们是否完成了入门解谜或者最终解谜。我们可以在游戏后期针对这个特别的机制使用任何脚本，因为它对我们来说是静态且可用的。

我们只是做了一些中级的 Unity 编程。这些工具在很多情况下都是可用的，但它们并不总是解决问题的第一选择。花点时间把每个部分都看完。使用游戏对象创建一些协程。看看你是否可以在脚本中编写自己的 **UnityAction**，就像我们上面展示的那样。测试静态方法，看看它们是如何工作的，假以时日，在开发游戏时。你就会感觉游刃有余了。

7.4　小结

这是内容很多的一章！我们讲了很多，所以需要做一个小总结。物理概念是一个很难解的话题，我们将其用于小规模的游戏模拟。我们完整地介绍了刚体组件，然后深入研究了一些全新的 C# 代码。对于 C#，我们学习了执行顺序、静态方法、委托和协程。这些新概念在很多项目中都可能用到，尽可能多花点时间来理解它们，对你以后的工作会很有帮助。

在下一章中，我们需要添加菜单系统和用户界面，以便让用户了解更多游戏设置的上下文。

第 8 章

用户界面和菜单

视频游戏的屏幕上放置的视觉信息和组件的集合叫作用户界面（UI）。直观的 UI 和菜单系统能够为玩家提供高质量的游戏体验。这种交互性和对游戏的可玩性的结果的直接影响力叫作玩家掌控力（player agency），设计这种掌控力对于实现游戏中的直观和成功的交互体验是至关重要的，这种掌控力让玩家可以与游戏情节进行交互，并且能够准确地参与到游戏之中。

用户界面和菜单系统会贯穿整个游戏，也提供了玩家可供性（player affordances）。玩家可供性是向玩家传达如何在游戏中使用某个物品，传达操作方式，以及引导游戏从开始到结束。

具体来说，游戏的菜单系统通过各种游戏设置面板来提供玩家掌控力。这些游戏设置面板会告诉玩家如何开始游戏，设置中的选项在游戏开始前、过程中和结束后都可以修改。让玩家进入游戏很重要，但是在游戏过程中，用户界面可能对游戏体验更重要。

有四种形式的用户界面：叙事 UI(Diegetic)、非叙事 UI(Non-diegetic)、空间 UI(Spatial)和元 UI（Meta），花一些时间了解这些 UI 概念可以更好地理解如何在项目中使用它们。然后我们将通过脚本使用它们，并提供一种实现它们的合适方式。

本章将包含以下主要内容：

❑ 定义 UI。

❑ UI 元素。

❑ 项目中的 UI。

❑ Unity 中的 Canvas 系统。

❑ Unity 中的 UI 对象。

我们首先从解释用户界面开始。

8.1 用户界面

用户界面是一把双刃剑。你需要在适当的位置放置用户界面功能以推动游戏剧情的发展，但如果操作不当，这也很容易分散玩家的注意力。游戏中并不总是存在能够教会玩家如何与游戏世界互动的机制。用户界面可能会破坏沉浸感，这并不总是坏事，但我们需要理解如何在不破坏游戏体验的情况下打破这种沉浸感。

我们将讨论 UI 的四种形式，可以将其分成两个区间，叙事的（Narrative）和游戏内部的（Internal）。叙事区间适合 UI 驱动的故事情节，而游戏内部区间则是游戏世界本身的功能性 UI。

 当我们学习各种形式的用户界面时，要意识到这里不会详尽地解释这些形式，而是需要被理解成一个工具，帮助我们设计出自己期待的 UI。

当我们讨论叙事 UI、非叙事 UI、空间 UI 和元 UI 这几种形式时，将解释 UI 如何符合游戏内部 UI 和叙事 UI 的简单 2×2 表格。图 8.1 中的 2×2 网格表示如何整合 UI 的整体视图，并将其整合到整个游戏体验中。在下面的小节中，每个小节的标题是 UI 形式的名称，并且会补充一个说明。

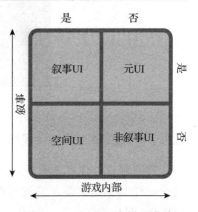

图 8.1　2×2 的用户界面设计

在上面的 2×2 的表格中，在叙事和游戏内部方向上回答是或者否，可以帮助我们理解应该使用哪种 UI 形式。接下来我们会详细讨论这四种形式的 UI。

8.1.1 叙事 UI——叙事（是），游戏内部（是）

混合了内部和外部空间的用户界面叫作叙事 UI。这种类型的界面致力于不破坏沉浸感，同时向玩家提供他们需要了解的内部游戏空间的信息。

你可能想要把玩家需要去的位置传达给他们，但想保留一些难度。在故事情节中，你可以为玩家指明方向并提供指南针，当你按下一个按钮拿出指南针时，这就是在不破坏内部空间的情况下向玩家提供信息。我们将在讨论其余四种类型时考虑这个指南针，看看是否可以将它转换成不同的类型。

现在我们已经解释了叙事 UI 形式的类型，让我们来看看已经发布的游戏中的一个很棒的例子。在解释叙事 UI 时，我的脑海中浮现出一个诡异的游戏——《死亡空间》。这是由 EA 公司的 Visceral Games 工作室（于 2017 年 10 月 17 日解散并合并到 EA 温哥华分公司和 EA 蒙特利尔分公司）创造的一款宇宙生存类恐怖视频游戏，其灵感来自《生化危机 4》和《寂静岭》系列。

Visceral Games 的游戏设计师需要想办法让玩家正对着屏幕，并尽可能将注意力集中在屏幕上。这样玩家就可以充分体验《死亡空间》游戏带来的感受，并引导 Isaac Clarke 推进故事情节。Isaac 是《死亡空间》的主角，也是不幸的宇宙飞船系统工程师，多年来被抛入各种不幸的境地。

在角色扮演游戏中，玩家需要知道大量信息，你如何才能做到这一点？把重要的玩家信息放在角色本身上。用这种方式实现时，信息就变成了屏幕上的第三人称，让玩家仍然可以看到屏幕和游戏环境。Isaac 的生命值以他脊背上的亮点显示，如图 8.2 所示，而血量仪显示为他右肩胛骨上的一个发光圆环。现在玩家无须将视线从主角身上移开即可了解他的生命值和角色统计数据。

图 8.2 《死亡空间》游戏的生命值可视化效果

8.1.2 非叙事 UI——叙事（否），游戏内部（否）

看着网格，你可能会想，怎样才能得到既不在叙事区间也不在游戏内部区间的 UI？这是一个很好的问题，它比你想的更常见！事实上，每个菜单系统和非融合的抬头显示（HUD）都是非叙事的，如图 8.3 所示。在游戏中按下运行键不是游戏叙事的一部分，但它是游戏的一部分，也是一个重要的部分。

图 8.3 《飞驰竞速》的非叙事 HUD

我们思考一下指南针，看看是否可以将它转换成一个非叙事的 UI 元素。它的目的是帮助玩家了解要去哪里。我们可以在游戏角色不知情的情况下这样做吗？你可以制作一个小地图来显示玩家需要去的方向，并将其打造成屏幕上的指南针。有了这个定义之后，我们认为可以将指南针转换为非叙事的形式。在产品中有很多非叙事 UI 元素的例子，但我们最喜欢的例子之一是赛车游戏 UI。《飞驰竞速》用简洁的用户界面显示玩家当前的档位、速度和在游戏世界中的位置，以帮助玩家在小地图上沿着所选路径前进。

8.1.3　空间 UI——叙事（否），游戏内部（是）

这是一种有趣的用户界面设计案例。空间 UI 存在于游戏世界中，但游戏中的角色并没有意识到这种 UI 的存在。

再看看指南针，也许我们希望它是游戏空间内的。我们如何在角色没有意识到的情况下向角色传达我们需要去的方向？

可以在地面上放一个投影罗盘，显示下一个里程点或目的地的方向，只有当你从角色视角俯视时才会出现，因此它一般不会干扰游戏过程。《流放之路》是使用空间 UI 元素最好的游戏之一。地面上的物品用一个彩色的尖顶来表示物品类型，物品的名称描述了物品可能是什么，如图 8.4 所示。

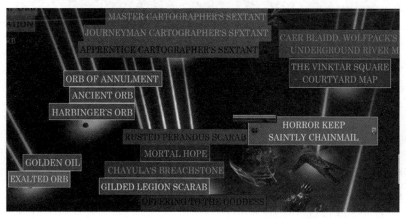

图 8.4　《流放之路》游戏中空间内的物品名称

游戏中的角色不知道这个屏幕，但是它确实存在于游戏空间中，因为你需要把鼠标移动到上面来进行查看。

8.1.4　元 UI——叙事（是），游戏内部（否）

元 UI 对于用户界面来说很有意思，因为我们无法在游戏世界中拥有界面，但角色需要知道它。如果我们查看指南针示例并尝试将其转换为元 UI，将需要思考更多。在角色知道的情况下直接与用户交互来学习第四种 UI 是相当独特的，试一试吧。

屏幕的外圈区域放置了罗盘度数并跟随角色转动。角色看着指南针时，因为有屏幕 UI，所以你可以看到方向是否是正确。但这很麻烦，而且在感觉上并不直观。

一个更好的元 UI 的例子是第一人称射击游戏，你有没有玩过 FPS 游戏并被击中？屏幕周围有一片血迹和红色的晕影效果，如图 8.5 所示。角色知道自己被击中并且通常会发出声音，元 UI 让玩家知道如果继续被击中就可能会死。摄像机中显示的玩家不是玩家的视野，我们知道这一点，但我们用变暗和强化的红色晕影进行渲染，给人一种危及生命的焦虑感。

图 8.5 《使命召唤》的元屏幕 UI

我们刚才讨论的是设计方法，这有助于理解 UI 元素为用户显示什么内容。有几种方法可以拆分 UI 元素。现在我们将讨论游戏 UI 开发中的一些常见术语。

8.2 UI 元素

在任何游戏中都会使用一些常见的 UI 元素。无论是主菜单、仓库系统、生命值的显示还是场景道具交互系统，它们的存在都只为达到一个目的：在不直接影响玩家沉浸感的前提下，提供尽可能多的信息。

在接下来的几节中，我们将讨论前面提到的主题。这些是用户界面的通用术语，不应该具体设置。这些都基于目前游戏开发 UI 部分常见主题的设计思想。

以后在考虑你的游戏项目时，可以将这些章节作为设计参考。我们将从主菜单开始，同时，这也是第一个出现在玩家面前的菜单。

8.2.1 主菜单

当游戏加载后第一次弹出游戏菜单时，是开发者第一次创造情感反应的机会。是恐怖游戏吗？字体和图片应该反映这一点。组织菜单的方法有很多种，是否需要在登录后选择角色前弹出新闻窗口？当你按下运行键时，主菜单是否会直接跳转到游戏设置中？当游戏处于菜单系统时，菜单是否需要设置多个层级？这些都是合理的问题。

如果是一款多人游戏，构建菜单系统的最简单方法便是确保玩家能够轻松地按照其预期的难度去玩游戏。我们倾向于称之为"低准入门槛"。如果玩家想要进入游戏并且在不查看设置的情况下按下运行键，那游戏中应该有这种功能。参考推荐的菜单方式，并在构建系统时遵照这种方式。

玩家的体验不应该依赖于系统的处理能力。我们可以从街机或主机的游戏体验来思考这个问题。PlayStation 和 Xbox 要求游戏开发者保证较高的帧率，所以游戏体验有一个很好的标准。PC 和手机也应该如此。

8.2.2　仓库系统

还有一些其他形式的菜单系统，这些菜单系统在本质上与主菜单相似，但不是玩家的初始体验的一部分。角色扮演游戏（RPG）通常会使用一个仓库系统，显示以盔甲或装备的形式储存在角色身上的物品。这可以作为一个瓶颈系统，迫使玩家回到主城出售或升级装备。还可以用来帮助定义游戏体验，因为角色在漫游世界时不可能同时携带 30 套盔甲和200 件武器。这是一种在打破沉浸感和保持现实主义之间的尝试。

任务日志和成就系统是另一种形式的有意思的仓库系统。任务日志只是一个任务清单，可以通过达成需要的任务来完成或者移除任务。而成就系统相反，因为你需要通过执行特定的任务来获得成就。

8.2.3　生命值的表示

生命值可以用"剩余生命"来表示，就像在《超级马里奥兄弟》中一样，也可以用你还能被击中多少次来表示，就像《死亡空间》中那样。它甚至可能不用一个特定的值来表示，而是用屏幕上的血量，就像在《使命召唤》中所看到的那样。更抽象的不是生命值，而是屏幕上的计时器，显示你还有多少时间可以用于完成任务或关卡。所有这些都可以看作生命值的表示，并且在屏幕中的显示效果和我们前面提及的任何形式的菜单都不一样。

8.2.4　游戏物品交互系统

在游戏中，玩家可能需要一些帮助才能知道这些物品是可交互的。有两种主要的方法来解决这个问题，它们都可以是空间 UI，有时是非叙事 UI，我们将在下文中讨论。

第一种方法是在屏幕上制作一个提示框，只有当鼠标或准星放置在该物品上方时才可见。这通常在你想让某些信息与特定的物品相关联时使用。可以在提示框位于屏幕中时完成——这意味着它的大小不变，更类似于浮动窗口。这与图 8.4 所展示的概念是一样的。你可能还会在上下文菜单的周围或上面看到一个浮动图标。这可能是为了让玩家知道他们可以与某些元素进行交互。这些菜单在本质上是相似的，但屏幕空间表明它不是游戏世界的一部分，角色也不知道这个菜单。所以它是非叙事 UI。

第二种方法是使用漂浮在道具上方的图标，这些图标是空间 UI，因为它在世界中显示自己，但角色并不知道它。

8.3　项目中的 UI

我们的项目并不偏重用户界面。我们有意让它尽可能地保持简洁，以在游戏中创造一种紧凑的沉浸感。为了使 UI 尽可能简单，我们将讨论三个主要部分：

- ❑ 主菜单。
- ❑ 退出菜单。
- ❑ 空间 UI。

首先，我们将讨论主菜单，以及如何从一开始就将沉浸感带入游戏中。

8.3.1　主菜单

我们的菜单主要是非叙事菜单系统，在游戏的开始，Myvari 会在树林里看书。菜单将位于左侧，有标题、运行和退出选项。当按下运行按钮时，会有一个摄像机在移动，显示小的过场动画的效果，触发游戏的开始。在过场动画完成后，Myvari 开始她的空闲动画，然后玩家就可以控制角色了。这个系统给人一种置身于游戏世界的感觉，因为摄像机不会因为场景过渡而变黑，但这不是游戏世界或游戏情节的一部分。Myvari 不知道菜单系统的存在，也不会以任何方式影响游戏世界，所以这个菜单是非叙事化的。图 8.6 中展示的是一个主菜单模型，用于说明菜单逻辑，但并没有包含所有美术效果。这是游戏开发中常见的策略。在后面的部分中，我们将讨论实际 UI 的实现。

图 8.6　主菜单模型

我们喜欢这种让人立即沉浸的具有游戏感的 UI 概念。当单击运行按钮时，菜单会消失，摄像机会移动到你可以控制主角的位置。我们的目标是不使用加载页面，尽可能多地让玩家沉浸在游戏中。

8.3.2 退出菜单

为了给玩家尽可能多的沉浸感，我们想要利用角色性格的核心特征之一：探索。对我们来说，这意味着需要让 Myvari 右腿上的书成为游戏体验过程中的一个功能。我们也知道在游戏中的某个地方需要有一个游戏中的设置，也可以把这些设置放在这本书中。这是空间 UI，因为它破坏了游戏的沉浸感，而且这个设置并不是故事情节的一部分。当 Myvari 翻到日记的选项部分时，玩家将会失去沉浸感，但对于常玩游戏的人来说，这种情况并不陌生。这个部分是空间 UI，因为它是游戏世界的一部分，但 Myvari 不知道这是一个可以关闭游戏的菜单。当 Myvari 出现在左边面板时，这里全是故事驱动的元素，即游戏世界的一部分，Myvari 和玩家都将其作为推进游戏的提示。在这种情况下，我们将把菜单的这一部分称为叙事 UI，因为我们会选择适合 Myvari 种族的设计来完成这本书的渲染效果。

我们将通过 Myvari 抽出的书中的一部分小的过场动画实现这一点。Myvari 打开日记，根据玩家去过的地点，日记可能会有更新。这本书的美术设计让内容看起来好像不是 Myvari 写的，而是她的种族的另一个人写的。这本书很旧，把她带进了山洞。如果需要的话，还会有带有笔记的标记来帮助引导玩家。这是一款线性推进的游戏，所以我们会在每一个里程碑或子里程碑处进行更新。如果 Myvari 站着不动，我们也会让她把书拿出来读，这将使书与日记更紧密地融合在一起，使体验更真实。

日记对我们来说是一个有意思的菜单系统，它就像一个退出菜单，同时也为玩家提供了更多关于 Myvari 当前参与的故事的线索。图 8.7 展示了日记模型，我们用它来可视化菜单，这可以帮助我们理解在哪里放置摄像机，以及帮助动画设计师知道如何设计 Myvari 从皮套里掏出书的动画。

图 8.7 日记 UI 的模型

8.3.3 空间提示框

在设计给玩家的反馈时有很多选择，就像我们在指南针问题中看到的那样。在我们的案例中，考虑的是如何最好地展示与游戏环境互动的能力。我们选定了一个空间 UI 系统，它会以提示框的形式出现。这个提示框是一个小图标，位于游戏对象上方的世界空间中，可供玩家互动。我们选择使用空间系统将提示框保留在 UI 元素所在的空间中，然而，我们不希望提示框成为游戏情节的一部分，可以考虑稍微打破沉浸感来与游戏的其余部分形成鲜明对比。当玩家看到弹出的提示框时，会感到很有意思。我们可以在整个垂直切片中使用这个菜单系统！我们正在创建一个简单的菜单的例子，这将是一个浮动在游戏世界中的图标，但 Myvari 不会知道它的存在。这让我们能够创造一个健壮的系统，如果我们想为不同类型的交互使用不同的按钮，只需更改按下正确的按钮时显示的图标即可。

图 8.8 空间 UI 模型

图 8.8 中的圆圈是一个菜单占位符，后面它将作为一个指示器，当它变成亮粉色时，我们不会将它误认为已完成的部分。

我们已经讨论了用户界面的定义，并解释了在项目中使用的 UI，现在还需要花一点时间来回顾如何真正地让 UI 出现。

8.4 Unity UI

在完全深入项目中的 UI 实现之前，我们要回顾一下 Unity UI 系统的基础知识。这能够让你了解我们在系统中使用了哪些 UI 选项，以及我们没有使用但你以后可以在项目中使用的一些 UI 选项。下面介绍两个主要部分：

❑ Unity 画布系统。

❑ Unity UI 对象。

在开始使用代码实现 UI 之前，我们需要先详细了解 Unity 画布系统，以便在向 UI 系统中添加效果之前对其内部工作方式有良好的基础理解。

8.4.1 Unity 画布系统

Unity 把它的 UI 放在一个画布（Canvas）系统中，这个画布系统是一个默认附带了几个组件的游戏对象。要制作一个画布，在层级（Hierarchy）窗口右击，选择 UI，然后选择画布（Canvas），如图 8.9 所示。

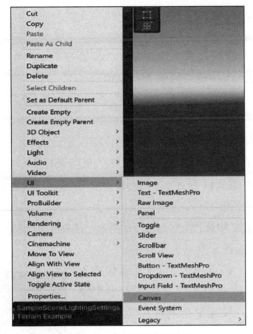

图 8.9　创建画布的菜单

创建成功后，就可以看到一个画布对象和一个事件系统对象。如果在这一级已经有一个之前创建的事件系统，那么只会创建一个画布对象。

画布中有一个矩形变换（Rect Transform）组件、一个（Canvas）组件、一个画布缩放器（Canvas Scaler）组件以及一个图形光线投射器（Graphic Raycaster）组件，我们会详细介绍每个组件的功能。

如果之前同层级没有事件系统，那么还会生成一个新的，用于保存输入到 UI 的消息。

　如果你正在使用新的输入系统，请把 StandaloneInputModule 换成 Input-SystemUIInputModule，这样事件系统就知道项目中使用的是什么输入系统了。

各个组件的详细介绍如下。

1. Rect Transform

画布自身有一个 Rect Transform 组件，但它会是其他 UI 的父对象，所以这个 Rect Transform 组件是只读的。在画布上右击，选择 UI →Button，在画布内部创建一个子按钮，这样就可以更清楚地查看这个 Rect Transform 组件了。

在图 8.10 中，你会在检视器中看到按钮的 Rect Transform 组件，你可能会以为这是一个常

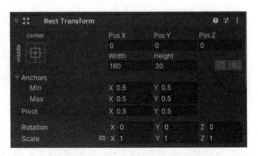

图 8.10　Rect Transform 组件

规的 Transform 组件。这里仍然有位置、旋转和缩放等设置项，但是还有宽度、高度、轴心和锚点。

当使用 UI 时，最好把缩放设置成 1，1，1。这是为了让画布可以在需要时设置缩放。修改画布大小的最安全的方式是使用宽度和高度值。

设置旋转值会从轴心旋转画布的位置，轴心显示为一个小蓝圈，可以通过轴心字段修改轴心的值。

位置字段可以设置游戏对象的局部位置。当你需要修改 UI 元素的大小时，最好用 Rect 工具，而不是使用缩放。在场景视图中有一个 Rect 工具按钮，如图 8.11 所示，可以用于修改 UI 元素的大小，修改后，位置、宽度和高度都会变化。

图 8.11　在选中的按钮上使用 Rect 工具

UI 元素的轴心是其宽度和高度归一化的 x 和 y。这意味着如果 x 和 y 都是 0.5，那么轴心是宽度和高度的 50%，或者元素的局部中心。

最后一个特性是锚点，锚点用于让 UI 元素保持不动，即使画布发生缩放，位置也不变。如果有多个设备或者分辨率发生了变化，锚点就会起作用。有最小/最大的锚点值，类似轴心的位置，会分别把锚点设置成对应的归一化的值。手动设置锚点值需要一点时间，所以我们有一个方便的工具来更简单地实现，单击 Rect Transform 的左上方，会打开一个有用的工具，可以从常用的锚点项中进行选择，如图 8.12 所示。

使用这个工具可以为当前选中的游戏对象选择最常用的锚点位置，有两个基本类型的锚定：基于位置的和基于拉伸的。工具中间的这个 3×3 的网格可以实现 UI 锚定，即使屏幕分辨率分生变化，UI 也不会拉伸或移动位置。如果分辨率没有发生大幅变化，那么这是不错的选择。第二种锚定基于拉伸，在工具的右边和

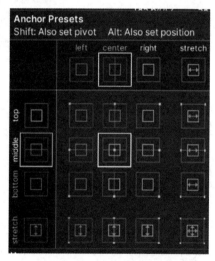

图 8.12　Anchor 通用选项

下边，如果游戏的目标分辨率是 1920×1080，而玩家用超宽显示屏玩游戏，那么你可能需要让某些 UI 元素能够缩放。如果有一个 16：9 的 4K 显示器，那么你需要考虑拉伸所有元素，否则 UI 就会变得非常小。

锚定是一种艺术形式，上面提到的技巧会对你有帮助。正确处理锚定的最佳方式是在编辑器中运行游戏，然后调整大小，这样不会覆盖到每个场景，但是能让你知道 UI 元素在分辨率发生变化后的反应是怎样的。

2. Canvas

Canvas 画布组件只有几个设置项，但是都很重要！在图 8.13 中，你可以看到我们要讨论的设置项。

图 8.13　Canvas 组件

渲染模式（Render Mode）下有几个设置项：像素完美（Pixel Perfect）、排序次序（Sort Order）、目标显示器（Target Display）和附加着色器通道（Additional Shader Channels）。下面逐个介绍。

（1）渲染模式

有三种渲染模式可以选择：屏幕空间 – 覆盖（Screen Space-Overlay）、屏幕空间 – 摄像机（Screen Space-Camera）和世界空间（World Space）。这几种模式都有特定用途，游戏中可以用多种画布来满足需求。我们在学习时可以考虑如何在项目中使用这些模式。介绍完 Unity UI 的所有功能后，我们会讨论如何实现。

❏ 屏幕空间 – 覆盖

这是一个常用的画布渲染模式，这种模式的优势是可以用于自己的场景中，并且可以在游戏运行时另外加载。这样就可以轻松地把移动菜单与 PC 显示器分开，很有用。但是，这只能用于简单的 UI，如果你要拖曳 UI 元素，或者在鼠标操作时有动画效果，比如滚动效果，那最好使用屏幕空间 – 摄像机模式。

使用这种类型的画布的一个例子是主菜单或者 HUD，没有那么多交互。

❏ 屏幕空间 – 摄像机

与屏幕空间 – 覆盖选项一样，如果你想编写使用 `EventTrigger` 类的函数，这是一个很好的模式。不能像在覆盖模式中那样实例化它，它必须已经在场景中，并且有一个作为参考边界的摄像机。它会把自己附加在摄像机上，所以如果你做了修改，它就在你身上消失了，双击摄像机，它就会出现！

这种模式的一个很好的例子可以参考在 ARPG 游戏中通过拖曳来收集物品。

❏ 世界空间

当你需要在世界空间中添加一个菜单时，适合使用这种渲染模式的画布。解释这一点的最好方式是使用最佳用例。当你想让聊天气泡出现在角色的头部空间时，应该会使用这种模式，如果想让 UI 中的地标是可以选中的，那么大概率会使用世界空间画布，如果地标上有文本或其他形式的 UI，那就再适合不过了。

（2）渲染模式的选项

渲染模式下方有三个设置项：

❏ 像素完美——仅用于 2D 空间的项目中，当 UI 需要精确到每个像素时，它有助于在创作过程中开发适应像素约束的 UI。

❏ 排序次序——默认情况下，可以在画布下的层次结构中设置排序次序。项目在层次结构中的位置越靠上，就越先被渲染。你可以通过输入一个值来取代这个次序。有较低值的对象将先呈现，有较高值的对象会被放到列表的下方。如果你希望单个对象始终在后面出现，这会很容易做到，只需要填写 999，无论层级排序是怎样的，它都将始终在最后出现。

❏ 目标显示器——如果你需要另一个 UI 用于第二个显示器，则应该使用它。你可以将其设置为仅在第二个显示器上显示，最多可用于八个显示器。此用例适用于竞速游戏，这类游戏通常会用到三个曲面显示器。

（3）其他 Shader 通道

当使用覆盖模式时，UI 一般不会包含 Normal（法线）、Tangent（切线）等选项，可以在下拉菜单中选择，如图 8.14 所示。

图 8.14　其他 Shader 通道选项

只有需要在 UI 元素中使用这些选项时才选择它们，否则选择 Nothing。

3. Canvas Scaler

这个组件负责确保游戏对象下所有子 UI 对象的缩放是正确的。它不仅负责缩放 UI 本身，还负责调整字体大小和附加到图像上的图像边框。

Canvas Scaler 组件有几个特有的参数，根据所选择的 UI 缩放模式，会有不同的参数出现在窗口中，有三种 UI 缩放模式。

（1）恒定像素大小

当需要保持像素大小不随着屏幕大小发生变化时，可以使用恒定像素大小（Constant Pixel Size）选项。使用场景是你知道游戏只会有一个分辨率。如果你的游戏肯定会被缩放，那么你必须动态地设置缩放系数，并确保每单位的参考像素数是相同的。这些参数如图 8.15 所示。

图 8.15　在 Canvas Scaler 组件中设置 UI Scale Mode 为 Constant Pixel Size

如果分辨率在游戏中可能会发生调整，那么请考虑使用屏幕大小缩放选项。

（2）屏幕大小缩放

当选择了屏幕大小缩放（Scale With Screen Size），会出现与恒定像素大小选项中不同的参数，如图 8.16 所示，包括参考分辨率（Reference Resolution）、屏幕匹配模式（Screen Match Mode）、匹配（Match）滑动块和每单位参考像素（Reference Pixels Per Unit）。

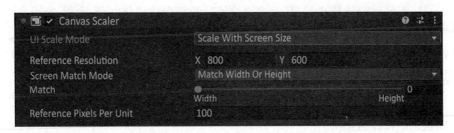

图 8.16　在 Canvas Scaler 组件中选择 Scale With Screen Size

❑ 参考分辨率——即你最常使用的分辨率。在此基础上，它会根据玩家分辨率的不同进行放大和缩小。

❑ 屏幕匹配模式——包括三个选项：

　○ 匹配宽度或高度（Match Width Or Height）——当分辨率不同时，程序可以混合匹配宽和高。除非使用超宽显示屏，多数情况下这个选项表现良好。匹配滑动块只有在这里可以使用，在后面两个选项中不可见。

　○ 展开（Expand）——意思是相比参考分辨率，画布可以变大，但不能缩小。这个选项非常不错，因为它可以根据需要展开宽度或高度。

　○ 收缩（Shrink）——这个选项与展开选项相似，不同的是，相比参考分辨率，它只能缩小而不会放大。这个选项也不错，但是你应该从一个较大的分辨率开始工作。

❑ 每单位参考像素——这个设置项指的是每厘米（一个 Unity 单位）有多少个像素。当你使用 Sprite 选项开发 2D 游戏时要特别注意，如果把 Sprite 设置成每单位 100 像素，把这里设置成 50，那么不出所料，Sprite 的值会变成预期的两倍。

（3）恒定物理大小

这个模式与恒定像素大小类似，但是适用于物理单位，如图 8.17 所示，你可能更喜欢使用这些单位而非像素来调整大小。

图 8.17　在 Canvas Scaler 组件中选择 Constant Physical Size

如果在有些情况下这些单位更适合，那么你要确保同时调整字体的缩放。物理单位的选项列表如图 8.18 所示。

使用列表中的任一选项都会迫使你改变所有 UI 元素，以适配相同类型的缩放单位。举个例子，通常把像素设置成 300 宽，但 300 厘米太宽了！缩放比应该是 0.1。基于这个原因，我们会建议你在项目开始时考虑好使用哪一个缩放模式，并将这个模式一直使用到底。

图 8.18 物理单位选项

最后一个组件是图形光线投射器（Graphic Raycaster），也是画布的倒数第二个默认项，我们来讲解如何在画布中使用图形光线投射器。

4. Graphic Raycaster

这个组件是建立在画布上的，目的是实现鼠标点击时的功能。图 8.19 显示了 Graphic Raycaster 组件的可设置参数。

图 8.19 Graphic Raycaster 组件参数

这里有 3 个参数，我们快速地讲解一下：

❑ 忽略保留图形（Ignore Reversed Graphics）——这个参数确保你不能点击被翻转的对象，要知道物体的背面在摄像机中是被剔除的。你可以再把 UI 元素翻过来，但是如果不勾选这个选项，这个对象仍然不能被点击。

❑ 阻塞对象（Blocking Objects）——这个选项让 UI 中排在前面的 2D 或者 3D 游戏对象能够阻止点击 UI，默认值是 None。

❑ 阻塞遮罩（Blocking Mask）——这个参数让你能够通过放置一层对象来阻塞 UI。因为 UI 一般是一个矩形，很容易被遮住，要解决这个问题，可以使用一个 UI 遮罩层，这样可以使阻止放在前面的对象被点击，即使遮罩层是不可见的，把 Alpha 值设置成 0 即可。

我们花了一些时间来回顾这些默认值，因为它们是你开始使用 Unity UI 时看到的主要设置项。在创建更多 UI 时，还会有更多设置项需要学习，但是这些基础能够帮助你起步，接下来，我们将深入了解添加到画布中的一些 UI 对象。

8.4.2 Unity UI 对象

现在我们有了一块画布，这非常不错，因为我们已经学习了如何在动态分辨率中使用画布，以及如何根据游戏需要设置选项。现在我们还需要添加一些对象来使用画布，Unity

UI 对象分为两类：视觉的和交互的。

视觉元素正如你所料，只是用于显示，但是可以附加到交互元素上，下面是这些 UI 元素的例子，包括一些描述和显示效果：

❏ 图像（Image）——有两种类型的图像：原始图像（Source Image）和图像（Image），如图 8.20 所示。原始图像只用于无边框的情况，一般最好直接用图像对象。图像对象使用 Sprite，可以为精灵（Sprite）添加边框，还可以在检视器中为图像对象的 Sprite 上色。另一个 UI 项是面板，这是另一个附加了图像组件的 UI 对象，用于显示一个 UI 面板。图像与面板的不同是，面板会默认被设置成拉伸并且填充整个画布。

图 8.20　默认 Image 和 Image UI 组件

❏ 遮罩（Mask）——遮罩组件会切割掉下面的游戏对象。当需要遮盖多余的对象时会很有用。在图 8.21 中，我们给图像对象添加了一个遮罩，然后在下面添加了另一个图像，外边线就是遮罩，而本该是正方形的图像却因为遮罩显示成了图中所示效果。

图 8.21　对图 8.20 添加遮罩的默认图片

❏ 文本（TextMeshPro-Text(UI)）——有时也叫作标签。你可以根据需要为 UI 添加一种特有的字体。创建文本后，你会看到 后面写着 TextMeshPro 字样，这是因为 TextMeshPro（TMP）很受欢迎，所以已经被集成到 Unity 的核心功能中。图 8.22 展示了文本 UI 组件。

图 8.22　TextMeshPro UI 组件

交互对象中可以有视觉对象，但是要有可交互的 **UnityEvent** 对象。下面是交互对象的例子，包括一些描述和视觉效果：

❑ 按钮（Button）——这个交互对象默认在层级中包含了一个文本对象，并且也带有 `UnityEvent` 对象，用于响应点击事件（见图 8.23）。还可以设置按钮在鼠标移入时、按下时或者不可用时的颜色，是 UI 交互的主要功能。

图 8.23　Button UI 组件

❑ 下拉列表（Dropdown-TextMeshPro）——下拉列表是让一个用户可以从一组预定义的列表中选择选项的字段（见图 8.24）。当用户改变这个值时，会调用 `UnityEvent` 的 `OnValueChanged` 事件。

图 8.24　Dropdown UI 组件

❑ 输入字段（TextMeshPro-Input Field）——这是一个标准输入字段，当用户点击或输入焦点在里面时可以用于输入，有一个有意思的字段叫作内容类型，不用写代码就可以帮助开发者检查错误（见图 8.25）。例如把它设置成整数，则用户只能输入数字，这个交互对象有两个 `UnityEvent`：

○ `OnValueChanged`——此事件会在输入框里的值发生变化时返回当前的字符串。

○ `EndEdit`——此事件会在用户点击其他位置或者在输入框推动焦点时返回当前的字符串。

图 8.25　Input Field UI 组件

○ 滚动条（Scrollbar）——滚动条一般会与滚动矩形一起使用，目的是为大型字段提供滚动条，无论滚动条多大，值都是从 0 到 1，可以是横向的或纵向的。它也有一个 `UnityEvent` 事件 `OnValueChanged`，当滑动滚动条时，会返回滚动条的值。图 8.26 给出了滚动条组件。

图 8.26　Scrollbar UI 组件

❏ 滚动矩形（Scroll Rect）——也叫作滚动视图（见图 8.27），可以在需要时与横向和纵向的两个滚动条一起使用。这个组件使用了一个遮罩来隐藏遮罩本身之外的信息。它也有一个 `UnityEvent` 事件 `OnValueChanged`，当滑动滚动矩形时触发。

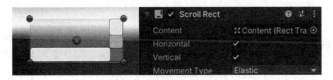

图 8.27　Scroll Rect UI 组件

❏ 滑动条（Slider）——这是一个可以拖动的滑动条（见图 8.28）。滑动条的值可以由一个最小值和一个最大值设置而成。它也有一个 `UnityEvent` 事件 `OnValueChanged`，返回最小值与最大值之间的值。

图 8.28　Slider UI 组件

❏ 开关（Toggle）——这是一个有文本的复选框（见图 8.29），当点击时，可以用 `UnityEvent` 事件 `OnValueChanged` 获取开关的状态。

图 8.29　Toggle UI 组件

❏ 开关组（Toggle Group）——如果把多个切换添加到一个组中，可以把这个组设置成只能选择一个开关。如果你选择了另一个开关，则之前打开的开关会被关闭，然后打开选择的这个开关。有一个允许开关关闭（Allow Switch Off）选项，选择该选项可以实现不打开这个组里的任何一个开关。没有专门的 `UnityEvent` 事件用于整个组，但是每个开关有自己的 `OnValueChanged` 事件会被触发。有一个小提示，如果你想做一个开关组，要为每个 Toggle 设置 Group。图 8.30 所示为 Toggle Group UI 组件。

图 8.30　Toggle Group UI 组件

这些是 Unity UI 中可以使用的 UI 元素的良好示例。之后，我们要讨论 Unity UI 在我们游戏中的实现。我们之前回顾了设计，现在要深入代码来看一下当玩家需要交互时是如何动作的。

8.4.3 实现

我们现在要看看如何实现。了解所有 UI 对象的外观及其用途很有帮助，但我们现在需要了解在实践中使用它们的效果。在玩家开始游戏之前，将从主菜单开始。之后，将进入日记菜单或退出菜单。然后将以用于游戏机制交互的空间 UI 结束。

在阅读这部分时，请记住我们不会列出所有脚本，因为我们假设你已经能够查看我们在 GitHub 上的代码。

如果你在任何时候对本书讲解的代码的布局方式感到困惑，请确保你提取正在引用的脚本并重新调整。我们以这种方式解释代码的主要目的是尽可能简洁地说明我们在做什么以及为什么这样做。看到所有代码也不会有更多帮助！

话虽如此，让我们来看看主菜单的实现。

1. 主菜单的实现

因为我们想让菜单是非叙事 UI，但是放在世界空间中会给人一种空间的错觉，所以我们选择使用世界空间画布。如图 8.31 所示，层级和检视器中折叠的组件默认不变。

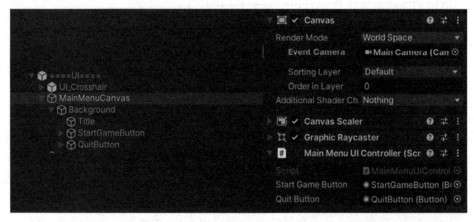

图 8.31　左侧为 MainMenuCanvas 的层级，右侧为画布的检视器

MainMenuUIControl.cs 脚本用于讲解如何控制主菜单，当使用 UI 时，需要确认引入了 UI 库：

```
using UnityEngine.UI;
```

当你使用 UI 库时，可以使用库中所有的 UI 对象和方法。虽然下一行代码不是专门用于 UI 部分的，但这里还是想介绍一些之前没有讨论过的知识，这个方法是 FindObjectOfType，我们知道场景中只有一个 MyvariThirdPersonMovement 类，所以我们使用这个方法获取它，然后获取它的父对象，得到 playerRoot 对象。

```
playerRoot = FindObjectOfType<MyvariThirdPersonMovement>().transform.
parent;
```

我们还需要禁用角色并为事件系统设置监听器，这样它就能知道我们单击了画布中的按钮。

要禁用角色，我们可以在一个叫作 awake 的方法中关闭需要关闭的东西，当使用 Cinemachine 时，你需要禁用所有可用的摄像机，否则 Cinemachine 会出现在某一个摄像机中。然后只禁用玩家的控制脚本，让玩家的动画保持原地播放，但是我们不控制她。在 awake 方法中调用下面的代码：

```
SetPlayerEnabled(false);
```

在第 50 行分离私有实现：

```
void SetPlayerEnabled(bool enable)
    {
        CinemachineVirtualCamera[] cams = playerRoot.
GetComponentsInChildren<CinemachineVirtualCamera>(true);
        foreach (CinemachineVirtualCamera cam in cams)
        {
            cam.gameObject.SetActive(enable);
        }
        playerRoot.GetComponentInChildren<MyvariThirdPersonMovement>().
enabled = enable;
    }
```

我们之前设置过几次监听器，但还是再看一下：

```
startGameButton.onClick.AddListener(OnStartGameButtonPressed);
quitButton.onClick.AddListener(OnQuitButtonPressed);
```

这里发生的是，当单击 startGameButton 和 quitButton 时，各自的按钮将激活监听器中的方法。

OnStartGameButtonPressed 方法看起来是这样的：

```
void OnStartGameButtonPressed()
    {
        SetPlayerEnabled(true);
        Cursor.lockState = CursorLockMode.Locked;
```

```
    Cursor.visible = false;
    this.gameObject.SetActive(false);
}
```

当按下按钮时，脚本将启用角色，这样我们可以使用输入设备移动她，锁定和隐藏鼠标光标，然后禁用主菜单，这样就看不到主菜单了。如果单击退出按钮，就会关闭程序。Unity 中有一个简单的方法来退出程序：

```
Application.Quit();
```

这就是整个主菜单了！最麻烦的部分是锁定玩家，否则当主菜单打开时，玩家可以移动，这不是我们想要的效果。接下来，我们需要实现日记。

2. 日记的实现

在多数游戏中，有一个退出菜单（也称 ESC 菜单）的常用概念，也就是说，当按下 ESC 键时，会看到一个菜单并暂停游戏。在这里，我们也需要在按下 ESC 时，Myvari 打开她的书并阅读，这很好，因为它允许游戏在摄像机移到书上时暂停一下，我们可以保留正常的退出菜单选项，例如恢复和退出游戏。这里会有一些与主菜单类似的概念，比如锁定和解锁光标。还有一个启用玩家的方法，与主菜单中的相同。

图 8.32 是用于日记 UI 的层级结构和检视器中的脚本的另一种表示。Public 字段的特点之一是我们使用的是输入系统，而不是仅依赖鼠标输入。

要加载日记，我们可以按 B 键或 ESC 键。

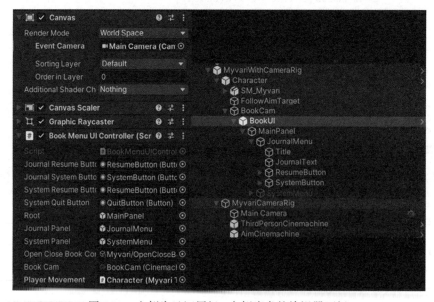

图 8.32　左侧为日记层级，右侧为书的检视器面板

对于我们来说，这是本书中一个有意思的转折点。脚本涉及的所有代码都已经在之前完成，建议打开并查看脚本以记住之前的编码课程。

最后一个 UI 是空间 UI，它可以帮助玩家知道他们正在查看的 UI 元素是可交互的。让我们讲解一下这个实现。

3. 交互 UI 的实现

这是独有的设置，因为没有画布可以用于此。我们将在场景中放置一个游戏对象，然后把它移动到需要的位置，根据我们正在查看的内容是否难以处理来选择将其关闭或打开。我们有一个简单的游戏对象，它是一个没有材质的球体，所以它是亮粉色的。

在 **InteractiveHighlight.cs** 脚本的 **awake** 方法中，我们查找这个游戏对象并获取它的渲染器。如果没有找到，那么就报告一个错误，让我们知道找不到它。

我们获取网格渲染器，以便可以在不需要看到它时将其禁用。

```
void Awake()
    {
        highlightIndicator = GameObject.
FindGameObjectWithTag("InteractionHighlight");
        if (highlightIndicator == null)
        {
            Debug.LogError("Highlight indicator not found in scene");
        }
        highlightIndicatorRenderer = highlightIndicator.
GetComponent<MeshRenderer>();
    }
```

现在我们有了高亮指示器，应该执行指示器自身的隐藏和移动功能。我们使用光线投射器来测试击中了可交互的物品还是击中了游戏的一块拼图。这是一个物理方法，因此我们将把它放在 **FixedUpdate** 方法中。这能够确保代码在第 7 章所讨论的物理更新时间片内运行。

```
void FixedUpdate()
    {
        Ray ray = new Ray(transform.position, transform.forward);
        if (Physics.Raycast(ray, out RaycastHit hit, maxDistance, rayMask,
QueryTriggerInteraction.Collide))
        {
            highlightIndicator.transform.position = hit.transform.position
+ new Vector3(0f, height, 0f);
            if (!highlightIndicatorRenderer.enable
```

```
d)
        {
            highlightIndicatorRenderer.enabled = true;
        }
    }
    else
    {
        if (highlightIndicatorRenderer.enabled)
        {
            highlightIndicatorRenderer.enabled = false;
        }
    }
}
```

如前所述，这里的 **FixedUpdate** 方法基于物理系统执行的频率运行，并检查从屏幕中心投射的光线是否击中了两个遮罩上的物品。如果击中并且在最大距离范围内，则移动高亮部分并打开其渲染器。如果没有击中，就关掉渲染器。

8.5　小结

本章的信息量很大。尽管我们只有三个 UI 部分需要学习，但需要将其分解为一整章内容，以帮助你完成以后的项目。你现在会对其他游戏开发人员如何为他们的游戏设计 UI 有一种很强的感知了。在第 12 章中，我们将介绍 UI 清理工作以及如何润色 UI 能给玩家带来不同的体验。在下一章中，将介绍视觉效果和一些粒子系统。

第三部分

打磨和细化

第 9 章

视觉效果

这款游戏目前还不具备所有的功能。我们从概念到草图，然后将游戏开发到可玩的状态。这并不意味着我们已经完成了！我们需要着眼于如何为玩家带来更多情感上的沉浸感。幸运的是，Unity 为我们提供了很棒的资源和工具，让我们能够从视觉上把游戏再提升一个档次。这是通过各种工具完成的，比如着色器、粒子和其他优化工具，这些将在第 12 章中介绍。

这些话题非常复杂。现在，我们将通过在高的层面上看一下着色器和粒子来回顾视觉效果的重点知识，然后对这些知识点的高级形式进行概述。因为我们在这个项目中使用通用渲染管线（URP），所以将回顾一些重要的工具，如 Shader Graph、VFX Graph 和 Shuriken。Shader Graph 直观地显示了着色器的细节和编码。Shuriken 是一个专注于 CPU 的粒子创作工具，在所有渲染管线中都可用。VFX Graph 可用于了解 GPU 粒子的各种属性，我们也会讲到。

本章将涵盖以下主要内容：

❑ 视觉效果概述。

❑ Shader Graph。

❑ 粒子系统。

9.1 视觉效果概述

刚开始使用视觉效果可能会让人望而却步。我们现在有一个简单的场景，如果玩家不花时间去仔细研究推动游戏的叙事和设计的进展的相关技术，那么游戏世界就没有活力和沉浸感。

通过本书，你已经解决了许多常见的游戏设计问题。你已经能够自己运用这些技术，并且可以在你想参与的任何项目中使用这些技术。然后，在创建这个项目和推动项目进展时，你也能自己发现解决方案。我们非常清楚这会给玩家带来怎样的感受，用最简单的术语来说就是幻想探索。我们现在需要回顾场景，找到需要更多幻想的区域。探索是通过机制和叙事设计完成的。

幻想是一个广义的术语。我们可能已经以各种形式实现了这种主题。我们决定通过这个模糊的起点，找到一个关于远古种族的轻科幻主题。这个种族的人掌握着周围自然空间的天体的力量。他们利用大自然，在某个地点建造了一个玩家可以探索的洞穴。我们需要找到一种方式，通过视觉上的游戏设置来体现这种故事叙述，我们的目标是让玩家认为自己是这个世界的主角。

为了实现这种视觉上的故事叙述，我们需要使用 Unity 中的多种视觉效果工具。使用 Shader Graph 可以构建具有有吸引力的属性的着色器，比如各种方式的发光和闪烁效果。Shuriken 提供了粒子系统，可以添加环境尘埃、发光生物周围的发光粒子，以及其他幻想元素的简单细节。VFX Graph 可以将简单的粒子发挥到极限，并发挥 GPU 系统的作用。通过利用 GPU 系统，VFX Graph 让我们可以使用很多个粒子。虽然通常不会这么做，但确实可以产生数千万个粒子。最后，我们将使用 Unity 中的灯光为玩家提供提示，让玩家知道看哪里，并设置当前动作、系统或位置的情绪和基调。

作为本章的开始，我们将介绍术语的基本原理，并详细介绍每个视觉效果工具。在这些讲解之后，可以学习如何把 Unity 提供的工具整合到我们的项目中，以创建一个视觉上的沉浸式环境。然后，本节可能会是一个有用的参考点，用于回顾这些工具以及它们的用途。

9.2 Shader Graph

Shader Graph 是一个视觉脚本工具，旨在创建艺术效果更丰富的着色器。着色器是通知图形管线如何渲染材质的脚本，材质是带有参数集的着色器的一个实例，用于游戏对象中的某个网格。一个简单的例子就是皮革。如果你想到皮革，你可能会想到许多不同类型的皮革。它是什么颜色的？它有光泽吗？它有独特的纹理吗？所有这些选项都是着色器的材质中可以设置的参数，以正确地渲染对象。

在 Unity 中，着色器是用高级着色语言（HLSL）编写的。要知道如何正确地编写 HLSL 代码，需要对计算机中的图形管线有详细的了解，这可能有点会令人退缩。图形管线是一个复杂的概念模型。简单地说，计算机通过分层和阶段来理解场景中的 3D 视觉图形，然后获取这些信息并将这些视觉图像呈现到 2D 屏幕上。

事实上，仅仅是阅读上面这段文字就可能会让人困惑，这很正常。这里有许多复杂的部分，下面我们将分别介绍它们。为了不深入研究 HLSL，我们将只关注 Shader Graph。在 Shader Graph 上花费了一些时间之后，你想深入了解技术层面的内容，建议学习 HLSL 和手写着色器。在你学会了 HLSL 和手写着色器之后，你将在创建通用着色器方面有扎实的基础。

我们先学习如何设置 Shader Graph，然后学习如何创建着色器。之后，花一些时间讨论用于创建着色器的基础知识和常用节点。节点是一行代码或一段代码的可视化表示。这些节点可以连接在一起，以创建视觉分层效果的强大功能。

9.2.1 安装

我们一直在谈论使用 URP 项目，这个项目应该会自动安装好 Shader Graph。如果没有安装，那么可以通过包管理器从 Unity Registry 的包中来轻松地安装它。

图 9.1 显示了正确安装 Shader Graph 所需要的东西。如果你能看到图 9.1 中所示的选中标记，那么说明 Shader Graph 已经安装好了！

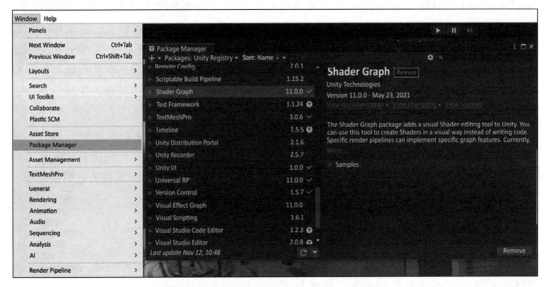

图 9.1　确认 Shader Graph 是否已经安装

现在我们已经验证了是否已经安装了 Shader Graph，下面继续创建第一个着色器。

9.2.2 创建

在项目窗口的开放区域右击，会出现菜单。我们想要创建一个新的着色器，所以使用菜单 Create → Shader → Universal Render Pipeline，然后可以看到四个选项，这四个选项是 URP 的基本选项，自动为你配置好了着色器的设置。参考图 9.2 的菜单路径来创建着色器。

你可能想知道应该选择哪一个类型。让我们来介绍一下这四种类型，以防在完成选择之后，你还想混入其他类型。

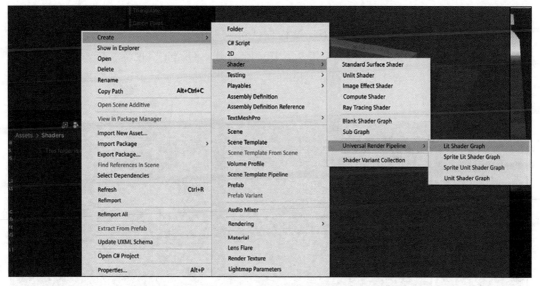

图 9.2　在 Unity Editor 中创建着色器的菜单路径

1. 光照 Shader Graph（Lit Shader Graph）

Lit Shader Graph 使用真实世界的光照信息来渲染 3D 对象。使用这个类型的着色器将使用基于物理渲染（PBR）的光照模型。PBR 模型让 3D 表面看起来像石头、木材、玻璃、塑料和金属等在各种光照条件下能够具有照片级质感的材质。在 Lit Shader Graph 的协助下，这些物体上的光照和反射可以精确地黏附动态变化，例如从明亮的光线到黑暗的洞穴环境。

2. 精灵光照 Shader Graph（Sprite Lit Shader Graph）

URP 一般与 2D 渲染和光照系统一起使用。这个着色器将渲染的对象一般是精灵（sprite），精灵是用于较大场景中的 2D 位图（用二进制数据的数组表示每个像素的颜色）。此系统让精灵可以接收其所需的光照信息。

3. 精灵无光照 Shader Graph（Sprite Unit Shader Graph）

它与上面的光照 Shader Graph 类似，但不同之处在于，精灵无光照 Shader Graph 总是被认为是完全点亮的，不会接收任何光照信息。该个着色器也仅用于 URP 中的 2D 渲染和光照系统。

4. 无光照 Shader Graph（Unit Shader Graph）

URP 的无光照 Shader Graph 使用 3D PBR 光照模型，这与光照 Shader Graph 类似。主要的区别是无光照 Shader Graph 不会接收光照信息。这是 URP 中性能最好的着色器。

9.2.3　Shader Graph 接口

我们选择光照 Shader Graph 类型。在项目窗口中右击，会创建一个新的着色器文件。

双击该文件将打开 Shader Graph 窗口。

有一些知识点我们应该复习一下，这样你就可以理解下面的小节中所涵盖的内容。我们需要了解主堆栈（Master Stack）、黑板（Blackboard）、Graph 检视器（Graph Inspector）、预览窗口（Main Preview）以及节点（Nodes）。在图 9.3 中，显示了这五个部分中的四个，我们将详细讨论它们。

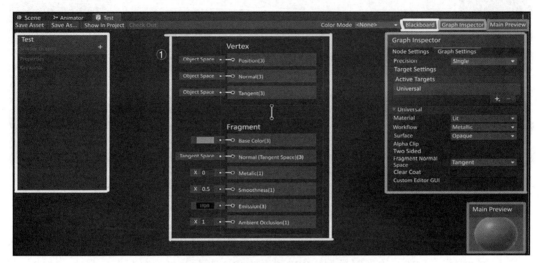

图 9.3　Shader Graph 窗口的拆分

1. 主堆栈

图 9.3 中方框①所示的模块是主堆栈（Master Stack）。Master Stack 有两部分：Vertex 和 Fragment。Vertex 部分包含对 3D 对象的实际 Vertex 进行操作的指令。在这部分可以修改 Vertex 的 Position、Normal 或 Tangent 属性。这三个属性在 2D 和 3D 环境中随处可见。Position 表示 Vertex 在对象空间中的位置。Normal 用于计算从表面反射或发射光线的方向。Tangent 可以修改表面 Vertex 的外观，以定义对象的水平（U）纹理方向。

在我们的例子中，不需要更改任何 Vertex 的属性，因此我们将继续处理 Fragment 着色器部分，并保持对象空间不变。

Fragment 指令可以被认为是屏幕上的像素。我们可以根据对堆栈的输入所做的更改来修改像素。Fragment 着色器中有哪些属性取决于我们在创建着色器时选择的着色器类型。

Fragment 堆栈内部的块称为 Fragment 节点（Fragment Node）。如果你不需要一个特定的 Fragment Node，则可以通过右击 Fragment Node 并选择 Delete 来删除它。你还可以通过在 Fragment 的底部右击并选择 Add Node 将其他 Fragment Node 添加到堆栈中。

在图 9.4 中，你可以看到所有要添加到堆栈中的节点。如果着色器没有准备好接受这些新的 Fragment Node，那么它们将是灰色的，表示不可用。现在，让我们来看看光照 Shader Fragment。

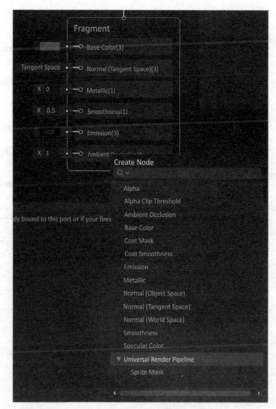

图 9.4　Fragment Node 选项

　　Fragment 堆栈中的 Fragment Node 表示有可能在剪裁空间或屏幕上显示的像素。3D 物体也可以用 UV 形式形成其表面的 2D 表示。UV 是 3D 物体的 2D 纹理表达。UV 有一个 2D 平面的 2D 轴，显示从 0（U）到 1（V）的图形。这个特殊的 UV 图表示 3D 对象拉伸后的 UV 平面上的每个顶点。UV 图也称为 UV 纹理空间。

　　参考图 9.5，你可以看到几何图形已经展开变平。这就像纸艺或折纸。了解它的原理有助于理解着色器如何操作网格顶点和表面颜色。

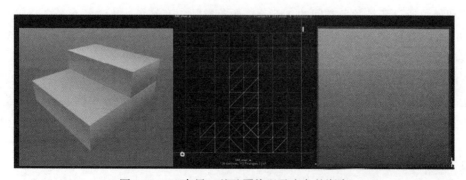

图 9.5　UV 布局、基础网格以及底色的渐变

我们想展示如何使用 Shader Graph 实现图 9.5 中的渐变效果。虽然这不是最简单的着色器，但它可以很好地提前帮我们理解一些关键概念。

参考图 9.6，你会看到一个着色器，用于构建底色的渐变色。然后将渐变色应用于 3D 对象的 0-1 空间，3D 对象的着色器使用此渐变材质。它不是一个复杂的着色器，因为着色器把来自 UV 节点的渐变色硬编码了。

在下一节中，我们将在 Blackboard 上添加更复杂的参数。

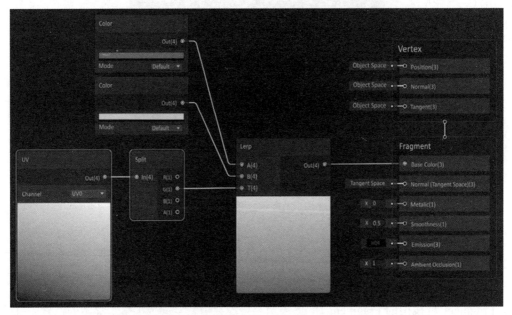

图 9.6　测试渐变着色器

我们会在本章的下一部分对常用的节点进行讲解。而现在，快速地讲解一下我们正在做的工作有助于理解节点。

❑ 底色（Base Color）

我们使用 UV 的 0-1 空间，这里用两个渐变色表示，红色的 x 通道和绿色的 y 通道。红色通道和绿色通道都是颜色空间的一部分，颜色空间中有红色（R）、绿色（G）、蓝色（B）和 Alpha(A) 通道。RGB 表示颜色值。Alpha 通道表示每个像素的透明度，其值从 0(全透明) 到 1(不透明)。

我们已经看到，在 Unity 中，0-1 空间从左下开始，线性地到右上结束。这意味着绿色通道是一个从下到上的线性渐变。分离该通道就可以操作 Lerp 节点中的 0-1，用红色代替黑色，青色代替白色。接下来的几部分还有很多内容，但请坚持看下去！因为在拆分节点后，理解每个节点就会容易得多。

❑ 法线（Normal）

法线告诉每个 Fragment 应该如何对照射在表面的光线做出反应。

这对于在不改变轮廓的情况下为表面添加细节非常有用，减少了更真实的细节所需的多边形数量。参考图 9.7，你会发现立方体表面有一些凸起。这不是颜色的变化，而是光在表面的分布。如果你仔细看，边缘上没有突起。这是因为立方体的形状没有改变。在法线贴图的作用下，这只是一个立方体应有的表现。

图 9.7　立方体上的法线

在图 9.7 的左侧，由于法线贴图使用了切线空间中 RGB 通道的配色方案，所以左边的立方体是蓝色的。这意味着一个纯平的法线贴图代表 0,0,1。红色和绿色通道用于表示光线如何作用于 x 切线或 y 切线的变化。我们在第 12 章中使用材质时，将进一步详细介绍法线贴图的功能。

❏　金属（Metallic）

Metallic 如其名，就是金属质感的材质！但这不是一个很好的定义，所以我们来试着解释一下。

Metallic 字段是一个从 0 到 1 的浮点值，0 表示非金属，1 表示纯金属。Metallic 材质可以吸收周围环境的颜色。在图 9.8 中，有四个不同材质的球体，我们只简单地使用 URP 附带的 URP/Lit 着色器来做测试。在本节中，我们只看左边两个球体，最左边球体是白色的，Metallic 设置为 0。这种材质不吸收环境中的任何颜色，它只接受光照信息和它的底色——白色。

左边第二个球体，虽然它的底色仍然是白色，但它的 Metallic 设置为 1。Smoothness 设置为 0.5（稍后会详细介绍）。如果你仔细看第二个球体，可以发现它的颜色是 Unity 默认的 Skybox 的颜色。现在我们需要增加这种材质的 Smoothness 参数。

图 9.8　从左到右依次是无金属、全金属、不光滑的全金属、全光滑的全金属

❑ 平滑（Smoothness）

继续看图 9.8，我们来看看右边的两个球体。从右数第二个球体很有意思。它的底色为白色，Metallic 参数为 1，Smoothness 参数为 0。这意味着整个球体是完全漫反射的。在这种情况下，漫反射意味着环境中的所有颜色都会混进整个球体中，生成几乎完美的中性灰色。最右边的球体是一样的，但 Smoothness 参数被设置为 1。这意味着整个球体会反射环境光。

❑ 发光体（Emission）

对于一个发射或辐射光线的物体，你应该看一下自发光贴图。自发光贴图的目的是让颜色的亮度值大于 1。该值超过 1 的那部分可以发出亮光。这对于熔岩、科幻灯光或任何你想让其发亮的东西都很有用。否则，Fragment Node 默认为黑色，并且不会创建任何发光效果。

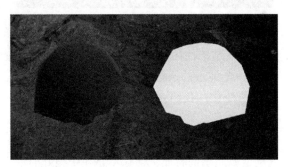

图 9.9　左侧的蘑菇不发光，右侧的蘑菇发光，强度是 2.4，无荧光

如图 9.9 所示，这看起来并不像发光的蘑菇！这是由于发光体需要一个后处理体积（post-processing volume）。创建一个空的游戏对象并将其命名为 _PostProcess，设置这个名字是为了避免重复。使用下划线作为前缀，可以让开发人员知道这个对象只包含逻辑。在游戏中并不会用到这个游戏对象。然后添加一个体积（Volume）组件，如图 9.10 所示。

图 9.10　添加到游戏对象的后处理 Volume 组件

此外，我们还需要添加一个配置文件和一个重写配置来设置荧光效果。单击 Volume 组件右侧的 New 按钮，会创建一个配置文件用于添加配置。如果需要，你可以存储这些配置并将其用于其他场景。当添加配置文件后，就可以添加重写配置了。

依次单击 Add Override、Post Process 和 Bloom，然后勾选 Intensity，以便后续可以修

改光照强度。把它设置成 1，如图 9.11 所示。

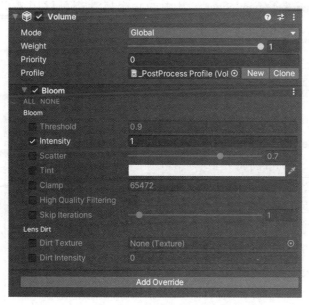

图 9.11　用于后处理体积的 Bloom 重写配置

现在我们可以看到屏幕上的蘑菇在发光（见图 9.12）。这里并没有在场景中添加光线，而只是将一个网格之外的亮度值添加到屏幕上的渲染器中。

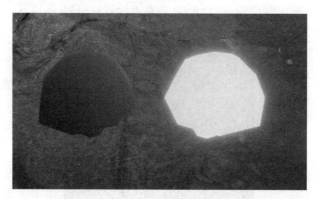

图 9.12　左侧的蘑菇无发光，右侧的蘑菇发光并且设置了荧光

我们有了一个闪闪发光的蘑菇！继续前进，为其他物体添加发光效果！下面来看看环境遮蔽。

❑ 环境遮蔽

环境遮蔽（Ambient Occlusion，AO）的意义是在截面中添加暗点以显示折痕。它会在没有任何专门的光照来产生阴影的情况下增加一个漂亮干净的阴影效果。AO 可以用于各种角度的光线。这个属性的值可以从 0 到 1。如果你的模型没有 AO 贴图，最好将其设置为

1。我们将在第 12 章中介绍 Myvari 的贴图材质，届时可以用到 AO 贴图。

总结一下，这就是 Master Stack，其中的每个属性都可以用来提供唯一的着色器。Shader Graph 的 Blackboard 部分可以帮助我们进行更多的自定义。

2. 黑板

黑板（Blackboard）允许用户在着色器中创建属性和关键字，这些属性和关键字可以以各种方式动态地更改。属性可以在着色器中使用，或者在检视器中通过 Exposed 复选框显示。

你可以在 Shader Graph 窗口的右上角找到 Blackboard 按钮。单击这个按钮后，Blackboard 将打开它单独的 UI。

可以创建多种数据类型，如图 9.13 所示。这些数据类型也可以在运行时通过脚本更改。关键字的用途是在运行时根据材质的实例进行更改。这里只有几个选项，因为编译器需要考虑所有的变化。这对于手机平台规范很方便。你可以为不同的系统创建一个枚举（用户定义的约束集）或列表，通过改变着色器的保真度（感知上的品质）适应平台的限制。

3. Graph 检视器

Graph 检视器（Graph Inspector）提供了着色器类型本身的选项。我们选择一个 URP/Lit 着色器作为基础，可以在 Graph Inspector 中设置特定的配置，如图 9.14 所示是 URP/Lit 着色器的默认设置。

图 9.13 Blackboard 中可用的变量类型

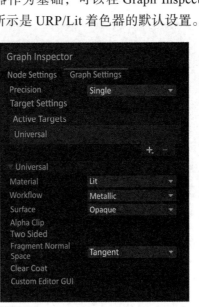

图 9.14 Graph Inspector

我们正在构建的着色器中的这些属性在某些情况下有很大的作用。当我们在第 12 章中回顾它们时，将解释为什么要对 Graph Settings 部分的设置进行更改。现在要理解我们选择的材质是 Lit，它默认是金属不透明效果，这意味着你看不到它后面的元素的颜色。

4. 预览窗口

预览窗口（Main Preview）用于设置着色器在游戏中的大体效果，默认是一个球体。你可以在窗口中右击来查看多个选项，比如添加一个自定义网格，如图 9.15 所示。

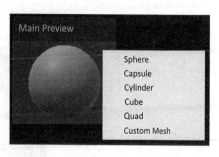

在 Master Stack 中插入节点之前，这个预览图将默认为灰色球体。接下来让我们讨论节点！

图 9.15　Shader Graph 中 Main Preview 窗口和选项的截图

5. 节点

一个节点是一段代码，至少有一个输出，也可以有一个输入，这取决于节点的需求。节点的目的是修改数据，以便在 Master Stack 上对输入的属性进行操作。回想一下，在图 9.6 中，我们展示了几个节点：Color、Lerp、Split 和 UV。我们把它们结合起来使用，修改底色以显示我们制作的渐变色。图 9.16 展示了鼠标停留在 Shader Graph 的灰色空白区域后按下空格键时的屏幕截图。多个节点可以一起使用，以产生不同的效果。现在你可以花点时间在 Node 菜单中找到我们在图 9.16 中创建的节点，自己动手实现渐变效果。

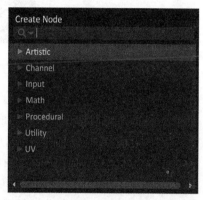

如果你已经花了一些时间来创建节点，那么你可能还打开了一些节点分组，并发现有非常多的节点可供选择。这可能会引起一些焦虑。幸运的是，我们会在下一节介绍很多着色器中常用的节点。

图 9.16　创建节点的菜单

9.2.4　常用的节点

下面简单地列出了制作着色器的常用节点。需要强调的是，这不是所有的节点。事实上，现在 Shader Graph 10+ 中有 200 多个节点。把它们都讲解一遍，可以写成一两本书。这些节点的吸引力在于可以构建很棒的着色器。在阅读本节内容时要记住，上一个节点中的信息可能可以描述当前节点的信息。请仔细阅读，即使你对如何做加法之类的知识相当熟悉。

1. 相加（Add）

为了解释 Add，你需要记住 0 表示不存在，而 0 在这里表示黑色。这意味着 1 表示白色。我们对许多应用程序的值进行了 0-1 标准化，你可能还记得 UV 坐标也在 0-1 之间。没错！如果有两个标量，或者矢量，将它们相加，值会变大。

我们来看一个简单的例子：$0.4 + 0.4 = 0.8$。

0.4 是比中灰度更暗的值。如果我们把两个 0.4 加在一起，效果会接近白色！0.8 表示 80% 的纯白色，如图 9.17 所示。

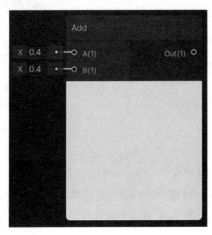

图 9.17　Add 节点

2. 着色（Color）

这个节点属于 Vector4 类型，顶部有漂亮的视觉效果。Vector4（0，0，0，0）在着色器中表示红色、绿色、蓝色和 Alpha 值。Color 有一个接口可以让你选择想要的颜色（见图 9.18），在输出 Vector4 的时候，Color 会用一个 Alpha 滑块设置 RGB 值。

这对于 Vector4 节点来说是很难的，因为没有直观的颜色来告诉你需要的值是什么。

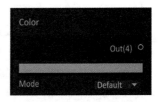

图 9.18　Color 节点

3. 线性插值（Lerp）

Lerp 代表线性插值。Lerp 节点可用于许多应用程序。一个例子就是我们如何把图 9.6 中的底色设置渐变色。有三个输入：A、B 和 T。你可以把它想象成 A 是 0，B 是 1，T 的值是 0~1，但是该值将映射到 A、B 以及二者之间的值。如果 T 为 0，它将显示 A 的 100% 的值。如果 T 为 1，它将显示 B 的 100% 的值。现在，如果 T 为 0.4，那么它将显示介于 A 和 B 的值之间的值：40% 的 A 和 60% 的 B。

仅用数字很难可视化地显示效果。幸运的是，在图 9.19 中，我们使用 UV 来输入 T 作为渐变色，可以看到颜色是从下到上发生变化的。

图 9.19　Lerp 节点

4. 相乘（Multiply）

我们已经看到了 Add 和 Lerp 节点，现在我们要做另一个运算，Multiply（相乘）。

根据基本算术的性质，在 0～1 的范围内，相乘会使值变小。我们来看一个例子，如图 9.20 所示。

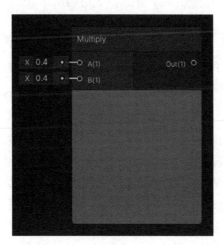

图 9.20　Multiply 节点

我们使用了与 Add 节点相同的例子，但这里使用的是乘法而不是加法。看一个简单的数学计算表达式：$0.4 \times 0.4 = 0.16$。

5. 采样纹理 2D（Sample Texture 2D）

此节点让你可以使用在其他数字内容创建软件（如 Photoshop）中创建的纹理，并使用颜色信息来设置 Master Stack 的属性。这里有两个输入，一个是你想要采样的纹理，另一个是 UV，如图 9.21 所示。

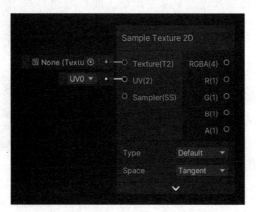

图 9.21　Sample Texture 2D 节点

在 UV 节点中可以修改网格的 UV 坐标。此节点的一个很好的特性是它从节点本身输出 Vector4 和各个浮点值。

6. 饱和度（Saturate）

此节点用于设置饱和度，其值（见图 9.22）可能在某个时候会超过 1。这是因为你正在使用多个节点，让值超出了 0～1 的范围。

如果发生这种情况，你可以将数据输入到一个 Saturate 节点，它将只返回 0～1 内的值。将浮点数放在 In 部分，Out 值将标准化到 0～1。

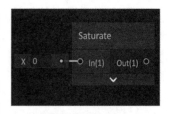

图 9.22　饱和度节点

7. 拆分（Split）

正如我们在 Sample Texture 2D 节点中看到的，Vector4 被拆分成单独的输出。但情况并非总是如此，Color 节点只输出一个 Vector4。如果你只想使用 Color 中的红色通道值，该怎么做呢？你猜对了，使用 Splite 节点（见图 9.23）。输入 Vector2、Vector3 或 Vector4，使用你想要的任何一个通道作为浮点数。

这对于理解如何将四张灰度图放在一张图片的四个通道上非常有帮助。我们称之为通道打包，这样你就可以在一个纹理上放三张图片。

图 9.23　Split 节点

8. UV

有时候你可能需要修改要渲染的对象的 UV。一个原因可能是你想平铺 UV，因为物体的范围比预期的大或者小。另一个原因是 UV 节点可以自动创建水平方向和垂直方向的渐变（见图 9.24）。如果拆分开，那么 R 通道是水平渐变，而 G 通道是垂直渐变。

9. 矢量节点（Vector）

这类节点无处不在。在图 9.25 中，你会注意到 Vector1 被命名为 Float。Vector1 的另一个名字是 Scalar。你可能还注意到，输出都是不同的颜色。Float 是青色的，Vector2 是绿色的，Vector3 是黄色的，Vector4 是粉色的。这对于了解节点之间连接线上显示的颜色非常有用。这些节点到处都在使用。你需要三个点的数据吗？使用 Vector3！

图 9.24　UV 节点

有了这些基本的节点，你可以开发一些强大的着色器来制作漂亮的材质。在第 12 章中，我们将介绍用于多种目的的着色器，并展示如何使用这些节点创建漂亮的视觉效果。现在我们离开 Shader Graph 一会儿，去学习使用粒子系统在游戏中添加漂亮的视觉特效。

图 9.25　Vector 节点

9.3　粒子系统

当你想到视频游戏中的视觉效果时，你脑海中浮现的很可能是 ARPG 游戏中传说中的武器的踪迹或激烈的第一人称射击战役中匪夷所思的爆炸。不管你脑子里呈现了什么，都有一个系统让这些效果出现。粒子系统就是用特定规则生成网格来创建这些效果。Unity 中的两个粒子系统是 Shuriken 和 VFX Graph。

9.3.1　Shuriken

这个系统集成了很多用于生成 3D 网格（定义 3D 对象的顶点、边和面的结构集合）的功能。你可以创造余烬、痕迹、爆炸、烟雾和其他元素来帮助定义卖点。正如你在图 9.26 中所看到的，有很多选项需要配置，我们把这一点留到第 12 章中创建基于 Shuriken 的效果的例子中来讲解。

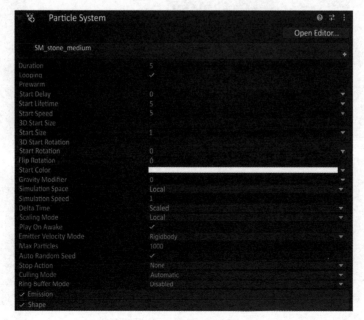

图 9.26　Shuriken 粒子系统

需要了解的一些 Shuriken 的上层知识点是：Shuriken 是一个使用 CPU 来控制粒子的粒

子系统。这也限制了可以直接在硬件上生成的粒子数量。

　　Shuriken 作为一个在 CPU 上运行的粒子系统来说非常棒，但是如果你想要有大量的粒子到处移动，VFX Graph 是一个选择。VFX Graph 利用 GPU 驱动的粒子系统可以同时处理超级多的粒子。

9.3.2　VFX Graph

　　首先，你很可能需要安装 VFX Graph。像以前一样打开包管理器，从 Unity 注册表中找到 Visual Effect Graph 并安装它。安装完成后，创建一个 VFX Graph。在项目窗口中右击，然后选择 Create → Visual Effects → Visual Effect Graph，如图 9.27 所示。

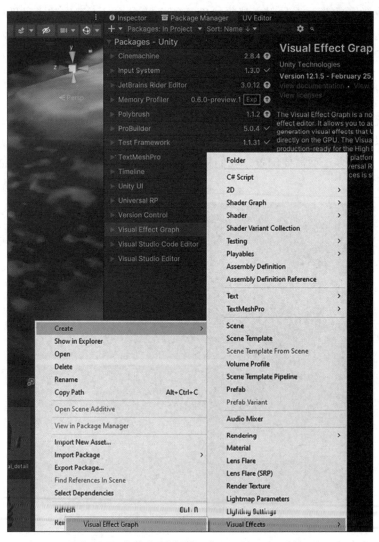

图 9.27　安装和创建第一个 VFX Graph 系统

打开 VFX Graph 后会出现一个新窗口。这个窗口类似于 Shader Graph。你会注意到有一个 Blackboard，我们可以使用它来创建能够在运行时更改的参数，并且可以在检视器中看到。

VFX Graph 有一个特有的 UI 和一些特定的术语：阶段（Context）、块（Block）、节点（Node）和变量（Variable）。Contexts 是系统的各个环节，比如生成（Spawn）、初始化（Initialize）、更新（Update）和输出（Output）。

每个 Context 中都有 Block，可以通过右击把 Block 添加到 Context 中。Spawn Context 负责设置有多少粒子系统的实例进入 Initialize Context。Initialize Context 处理 Spawn Event 并模拟新的粒子。Update Context 接受初始化后的粒子，并在特定条件下执行明确的行为。Output Context 负责模拟数据，并根据 Output Context 的配置呈现每个活跃的粒子，但是 Output Context 不会修改模拟数据。

第一个 Context 是 Spawn（见图 9.28）。这个 Context 允许你添加块来影响每个粒子系统的 Spawn 逻辑。这里有一些问题需要考虑：这个系统应该产生多少粒子？这些粒子产生的速度有多快？它们什么时候生成？

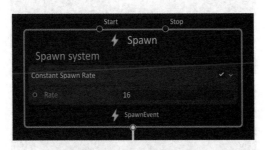

图 9.28　Spawn 系统上下文

生成完成后，还需要设置一些参数来初始化它们（见图 9.29）。这些块回答了这些问题：粒子在哪里生产？它们产生时是活动的吗？它们有速度吗？每个粒子的寿命有多长？

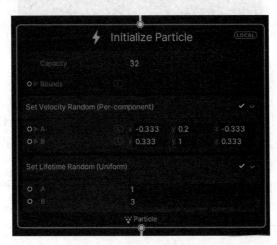

图 9.29　初始化上下文

现在生成了这些粒子，最好在粒子更新时给它们添加一些独特的行为（见图 9.30），否则它们只是浮动的球形渐变体。设置好之后，可以回答一个终极问题：粒子将如何随时间变化？

图 9.30　更新上下文

最后，当你了解了粒子的数量、粒子在哪里、粒子在做什么之后，你就可以决定它们的外观了（见图 9.31）。

现在的问题是：粒子朝哪个方向，使用什么着色器？

图 9.31　输出上下文

你可能已经注意到，块的左侧有时有圆形的输入，就像 Shader Graph 一样。如果你想输入一些信息（比如节点），那么你是对的！你可以通过一些节点让正确的数据流动到每个上下文的块中。

正如在 Shader Graph 中一样，节点的目的是获取数据值并以某种方式操作它们以获得所需的结果。在 VFX Graph 中，值被读入一个块，而不是读入 Master Stack 的属性之一。在大多数情况下，你会利用在 Blackboard 上创建的 Operator 节点和变量来完成复杂的数学运算。

9.4　小结

通过 Unity 中的两个主要来源——着色器和粒子，我们了解到视觉效果具有重大的技术含义。我们在着色器上花了一些时间，在 3D 对象上建立了一个材质的例子来学习着色器的概念，当有多个不同的场景时，能够按照创建着色器的原理，通过 Shader Graph 完成。之后，我们深入研究了粒子的概念。Shuriken 可以用于对 CPU 粒子的简单理解，并在后续章节中用于解释最后的优化。GPU 粒子通过 VFX Graph 生成，我们回顾了接口和 VFX Graph 的一些术语，以便在以后使用时有一个基本的理解。

视觉效果是一个需要掌握的非常大的话题。掌握这些工具需要很长时间。花点时间尝试这些工具并快速失败，能够帮助你理解视觉效果。

下一章将介绍游戏中声音的实现。声音通常在游戏开发的最后阶段才会被想起来，但它们对于确保游戏中的环境和角色具有令人着迷的情感纽带是不可或缺的。我们将在下一章中介绍实现、声音设计和其他以声音为中心的知识点。

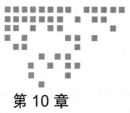

第 10 章

声音效果

声音是视频游戏中唯一来自现实世界然后融入游戏的部分。使用麦克风。声音设计师可以录制常见的视频游戏声音，例如画外音、音乐、UI 声音、武器和环境声音，这些声音有助于让游戏栩栩如生！声音往往会对玩家如何看待视频游戏的质量产生非常微妙的影响。游戏中好看的动画，只有声音效果好了，整体效果才会真的好。

在本章中，我们将讨论挑选或设计声音的五个要素。它们是声源（Source）、包络（Envelope）、音调（Pitch）、频率（Frequency）和分层（Layering）。了解这五个要素将为你打下坚实的基础，以确保使用的声音符合我们目前所研究的叙事、角色、环境和机制的整体设计。然后我们将探讨如何使用代码和混音在游戏引擎中扩展这些元素！在单独的音效基础上，声音能讲述一个故事，并和音效一起讲述一个更宏伟、更深入的故事。最后，我们将讨论项目中声音设计的具体示例以及它们在 Unity 中的实现。这些示例包括魔法声音、脚步声音和环境声音。以下是本章的要点：

❑ 声音设计的五个元素。

❑ 可扩展的声音设计。

❑ 项目中的音效设计与实现。

❑ 通过玩家交互触发声音。

10.1 声音设计

声音设计在视频游戏中容易被遗忘，但它是游戏的灵魂。

对声音设计的一个简单解释是：声音被录制、处理，然后直接编码到游戏中。因此，这使得声音成为视频游戏中唯一直接来自现实世界的部分。

我们在本章中引用的任何声音都可以在资源文件夹 /Assets/Sounds/[Name] 中找到。

10.2　声音设计的五个元素

我们将讨论的声音设计的元素包括声源、包络、音调、频率和分层。这些适用于制作单一音效的过程，以及让声音在游戏中更好地发挥作用。

10.2.1　声源

声源可以是人、地点或你的灵感来源。你的声源可以帮助听众理解你的声音的真实特征。如果你记录脚踩到草地上的声音对比踩到混凝土表面的声音，这两种声音之间的音质差异有助于我们区分它们。因此，我们可以利用声源作为创意限制，以真正地创作我们的游戏声音。

艺术家通过限制来消除大脑中的混乱思绪，以创造新的想法。所以在录制过程中，如果我们需要在视频游戏中用到神奇的水声，就会录制一些水声作为基础层。或者，如果我们要用到一只狗在泥土中打滚的声音，那么首先要录制的最好的内容就是狗在泥土中打滚的声音。我们正在创建的声音可以帮助我们选择要录制的内容！

录制声音可能是一个麻烦的过程，并且背后有一套完整的艺术形式。但这个过程会帮助你成长为声音设计师，但强烈建议你使用现有的声音库。几乎所有你能想到的声音都已被录制下来，因此直接购买或下载网上的声源更有意义，这将帮助你加快工作流程。如果你不想使用声音库，那么可以使用麦克风！使用麦克风是一个很深入的知识点，我们不会在本书中介绍，因为为你可以写出一整本关于使用麦克风的书。

 这里有一些受欢迎的免费网站和声源库：
- ❑ Blipsounds：https://blipsounds.com/community-library/。
- ❑ Andrew V Scott：https://www.andrewvscott.com/Building-A-Large-SFX-Library-for-Free。
- ❑ SKYES Audio：https://www.skyesaudio.com/blog/2019/4/1/theultimate-free-sound-effects-list-free-to-download。
- ❑ Freesound：https://freesound.org/。

还可以搜索到更多网站，不用担心找不到适合你的声源。

在视频游戏中，音效的来源通常取决于视频内容。对于拥有冰风法术的法师，你会限制自己只使用关于风和冰的声音。

如果我们拿一把具有金属质感的魔法剑，以及沿着剑刃施放的紫色魔法 VFX，我们要找到什么样的声音？你可能会把我们将要用到的魔法声音库中的声音和一些金属铃声放在一起。

另一种确定声源的方法是通过故事背景。同样的魔法剑看起来可能只是魔法剑，但也许游戏的作者决定让剑能够施展未来主义的魔法，所以你需要使用科幻的声音元素。

应该注意的是，有许多游戏都需要由声音弥补局限性。一款模拟 Atari 2600 主机的游戏要具有逼真的声音设计，这可能需要一些想象力。根据不同游戏世界的背景，玩家行走的绿色区域可能是草地或有毒的废料堆。

10.2.2　包络

包络是声音设计师用于解释一段时间内的音量的方式（音量以分贝为单位，而不是 3D 模型）。要用到的包络的两个部分是"起音"和"释音"。如图 10.1 所示，起音是声音的开始，释音是声音的结束。我们用速度（即快和慢）描述声音的开始和结束。

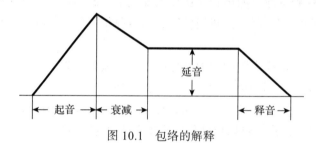

图 10.1　包络的解释

1. 起音

缓慢的起音的一个例子是剑在空中挥舞时发出的声效。声音开始时几乎听不见，然后在半秒内逐渐提高音量。我们可以让提高音量的过程拖长到几秒来使起音更慢。你可以在图 10.2 中直观地看到包络在其波形中的样子。起音较慢的声音往往对玩家来说显得更微妙和柔和。其他缓慢的起音的例子还有汽车经过的声音和水快烧开时水壶发出的声音。

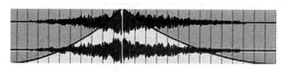

图 10.2　快速的起音

如图 10.2 所示，具有快速起音的声音示例是打孔音效。声音一开始就会达到最大音量，从而产生瞬态声音。瞬态声音是一种起音更快的声音，对玩家来说似乎更具侵略性，通常会产生某种冲击力来向玩家传达感染力或震撼感。具有快速起音的声音的其他一些例子包括枪声、铙钹撞击声（见图 10.3）或锤子敲击铁砧的声音。

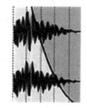

图 10.3　以铙钹撞击为例的快速起音

2. 释音

起音之后还有释音。正如你可能猜到的那样，我们会用速度来决定释音的性质。汽车发动机熄火的声音或爆炸声是较慢的释音的示例。大多数音效都有一个较慢的释音，因为这听起来更吸引人。

在视频游戏中，很少有很短的释音的例子。在大多数情况下，声音效果中的硬截断是不自然且令人不快的，除非使用一些高级的风格化的技术。较慢的释音可能是响亮的锣声，或者是汽车驶向远方后逐渐消失的声音。图 10.4 是一个缓慢的释音的例子。

快速的释音的例子如图 10.5 所示。

 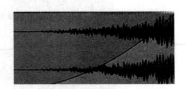

图 10.4　缓慢的释音　　　　　　　　　　图 10.5　快速的释音

另一个声音元素是音调。

10.2.3　音调

音调是决定声音是"高音"还是"低音"的元素。这可能是最容易理解的概念之一，因为我们在电影、视频游戏甚至日常生活中都能听到。动画电影中的大块头角色通常会有低音调的声音，而更小、更可爱的角色可能会有高音调的声音。

上面给出的例子是控制声音效果的音调的最常见原因之———游戏对象的体积大小。另一个原因是速度。想象一辆缓慢行驶的汽车与一辆快速行驶的汽车，速度较快的汽车的发动机转速加快发出高音，而怠速或缓慢行驶的汽车会产生低频的排气声。

要完全理解音调，要先理解与音调直接相关的频率。

10.2.4　频率

频率是最难解释的元素，但却是最需要理解的元素之一。你应该看到过控制"低音"或"高音"的选项。高音指的是"高频"，而低音指的是"低频"。人类的听觉范围是从 20 Hz 到 20 000 Hz，包括很多种声音，无论是高音调的还是低音调的，都有一个单独的频率。当你在汽车中播放声音并调低"低音"时，你就是在调低低频。

最好的例子是白噪声。白噪声就是一种以相同音量播放每一种频率的声音，那听起来就像是电视停台时的声音。你可以在路径 **/Assets/Sounds/WhiteNoise.wav** 中听这种声音，也可以在 GitHub 上的项目中找到它，可以在本书的前言中找到链接。

这种声音的奇怪之处在于，只是听就会觉得这种声音主要是由高频构成的。但是我们可以使用一种叫作均衡器（简称 EQ）的工具来可视化正在播放的频率，以及控制单个频率的音量。

通常情况下，高频会被认为更响亮，这是你在为游戏制作声音时需要考虑的一个重要事实。如果你想让一个声音突出，加入高频的声音会很有用，而把它们剪掉则可以把声音融入背景中。但如果你想让每个声音都突出，同时又想让它们有分量和力量，就必须利用低频，因为平衡是必要的。

图 10.6 中的曲线表示频率，你可以看到整个频谱上的音量几乎是相同的。这意味着每个单独的频率通常都有相同的频率音量。

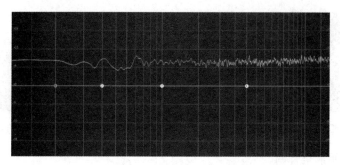

图 10.6　相似频率音量的例子

下面提供了一些声音，当删除低频和高频后，你可以听出差异，还有一个显示了删除频率后的图表。当你听的时候，你会发现每一个声音似乎都在一定程度上包含了低频和高频，我们可以控制这些频率，得到每一个声音的独特感觉。

听一下 Assets/Sounds/Explosion.wav，然后听一下 Assets/Sounds/ExplosionLP.wav，感受一下把高频剪掉的感觉。再听听 ExplosionHP.wav，感受一下把低频剪掉是什么感觉。

听一下 Assets/Sounds/BeamSword.wav，然后听一下 Assets/Sounds/BeamSwordLP.wav，感受一下把高频剪掉的感觉。再听听 BeamSwordHP.wav，感受一下把低频剪掉是什么感觉。

听一下 Assets/Sounds/MagicIceSpell.wav，然后听一下 Assets/Sounds/MagicIceSpellLP.wav，感受一下把高频剪掉的感觉。再听听 MagicIceSpellHP.wav，感受一下把低频剪掉是什么感觉。

听一下 Assets/Sounds/Footstep.wav，然后听一下 Assets/Sounds/FootstepLP.wav，感受一下把高频剪掉的感觉。再听听 Assets/Sounds/FootstepHP.wav，感受一下把低频剪掉是什么感觉。

频率之所以是最难理解的概念之一，是因为你的耳朵没有被训练过如何去听不同的频率。我们只是听到一个声音，只知道它听起来好不好听。

10.2.5　分层

分层是五要素中最容易掌握的概念。视觉媒介几乎都是相乘的关系，但声音媒介是相加的关系。声音分层只是按照固定的次序同时播放多个声音的过程。

接下来，我们有四种单独的特别音效，分别是"撞击""绽放""尾音""低音"。如果你单独听其中某一个，会觉得空洞，但一旦把它们叠加在一起，就会有美妙的爆炸声。

这是一个有用的过程，因为我们可以把"科幻能量"和"金属剑"这样的资源结合起来，制作出"科幻能量剑"。听一下 Assets/Sounds/ScifiEnergySword01.wav，然后听一下 Assets/Sounds/ScifiEnergySword02.wav，再听一下 Assets/Sounds/ScifiEnergySword03.wav。

分层可以将频率分解为更独立的部分。我们可以把一种主要是低频的声音加入常规声音中，赋予它更大的分量和力量。听一下 Assets/Sounds/Splash01.wav，然后听一下添加了低频的 Assets/Sounds/ Splash02.wav，听听它是如何变得更有力的。

我们还可以将两种不同包络的声音叠加在一起，一种是长起音，一种是快起音，以创造一种酷炫的累积效果来增加冲击力。听一下叠加之前的 Assets/Sounds/EarthSpell01.wav，然后听一下 Assets/Sounds/EarthSpell02.wav，听听叠加之后发生了什么以及我们如何改变声音的效果！

我们已经讨论了声音的组成以及各元素如何用于创建单个音效，下面将在更广泛的游戏范围内讨论这五个元素的应用。

10.3　可扩展的声音设计

与艺术的乘法模型不同的是，制作音效完全是一个做加法的过程。例如，如果我们有100 个声音，不注意它们的音量或频率范围，最后会造成很多混乱。在视频游戏中，我们必须为同时出现的任何声音做好准备，无论是挥剑声、环境声、管弦乐配乐还是画外音。我们有单独控制这些声音的工具，但必须确保能平衡混音。

如何为游戏制作声音

声音在游戏中的地位是什么？声音往往会被忽视，因为从技术上讲，它们并不是制作游戏所必需的。正因为如此，我们很难马上想到什么地方需要声音，什么地方不需要。

简单地说，我们想在游戏中寻找任何能移动的东西，即使是最细微的细节。为 NPC 添加声音，包括呼吸声、脚踩地面的声音、衣服摩擦的声音……这些声音都可以放到游戏中。我们将在第 11 章中讨论为什么如此注重细节可能难以实现。

有时候游戏中的美术元素非常少。你看到的信息并不够，所以发挥你的想象力，看看可以添加哪些声音。添加的声音越多越好。有时候只是一款像素游戏，可能只需要添加较少的声音，但你应该始终思考哪些细节是能听到而不能看到的！如果玩家掉进一个坑里，而你却看不到坑里发生了什么，那么比起视觉效果，创造听觉体验能够让游戏更加生动！也许那里有尖刺、无底洞或熔岩！我们希望玩家能够听到熔岩的气泡声，尖刺刺穿玩家的冲击声，或者玩家从陡峭的悬崖上跌落时发出的呼啸声！

10.4 项目中的音效设计与实现

我们发现最好的学习方法是一头扎进去，先理解事物是如何运转的。这个过程相对简单，因为我们已经学习了 Unity 引擎。

10.4.1 播放第一个音效

首先，我们在项目中添加一些音频文件。在 Unity 中创建一个名为 Audio 的文件夹，然后将 Assets/Sounds/TestTone.wav 文件拖进去。

现在我们的文件夹中有了音频，再在场景中玩家旁边创建一个空的游戏对象。先在场景中角色旁边放置一个物体。现在，让我们把它叫作游戏对象声音发射器（Sound Emitter）。

就目前情况来看，这个游戏对象不会做任何事情。所以，让我们把音频文件从 Unity 文件夹中直接拖到声音发射器游戏对象的检视器中。

这将自动在游戏对象上创建一个音频源（Audio Source）组件。这就是为什么我们的声音效果可以在 Unity 中播放！让我们继续，单击播放，看看会发生什么！

如果你的操作正确，那么你可能已经听到了第一个声音。这当然只是一个占位声音，所以我们将更多地专注于游戏中使用的其他声音。在这个过程中，我们将讨论音频源组件上可以更改的各种参数。

1. 组织声音

为了更好地组织这个项目，我们继续添加一个新的名为 ====SFX==== 的预制件。我们将把场景中的所有声音效果放进这个预制件中。

除此之外，我们将在 GitHub 项目的 /Assets/Sounds/ 中创建两个新文件夹：一个 sources 文件夹和一个 prefabs 文件夹。

2. 音乐

音乐是视频游戏的重要组成部分。细致的环境音效、玩家音效和富有表现力的画外音可以让游戏效果更加生动，而音乐则有助于推动玩家每时每刻的情感。

你可能对声音和音乐之间的区别有一些疑问。从技术上讲，它们是相同的，但为了便于交流，大多数专业的声音设计师会将音乐视为配乐，或者将钢琴、小提琴、吉他和鼓等乐器结合在一起，制作出有凝聚力的歌曲或音乐轨道，作为背景音乐。音效通常源自现实生活中的声音，如脚步声、刀剑声、UI 声音等。

要将音乐添加到游戏中，我们所要做的就是将场景中的 SFX 游戏对象重命名为 Music。

让我们来听一下 Assets/Sounds/Music_01.wav。首先，选择文件夹中的音频文件，然后单击检视器底部的循环按钮。它是波形上方最右边的按钮，如图 10.7 所示。

现在，单击 Play 按钮，即图 10.7 中位于中间位置的按钮。

如果你把音乐从头到尾听一遍，会发现这是一个无缝的循环！为了在游戏中实现这一点，我们在场景中使用声音发射器，并将其也重命名为 `Music`。

图 10.7　在检视器中播放波形声音

接下来，将音乐拖动到新的音乐游戏对象上，然后把它放到 Audio Source 组件的 AudioClip 部分，如图 10.8 所示。

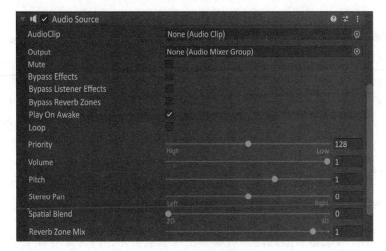

图 10.8　音频源组件

如果我们现在运行游戏，可以听到声音，但声音最终会停止。但是我们已经在检视器中按下了 `.wav` 文件的循环按钮，为什么它不起作用呢？

循环按钮在那个例子中是严格用于回放的。如果我们想要循环播放 Audio Source 组件上的声音，那么必须确认勾选了 Loop 复选框。现在如果我们运行游戏，音乐将循环播放。

在本章的后面部分，我们将调整游戏中所有声音的音量，需要注意，游戏中每个声音的音量完全取决于它与其他音效的关系。

10.4.2　2D 音效

到目前为止，我们只听过 2D 音效。2D 音效是指可以在任何地方为玩家播放的音效。无论你移动到哪里，2D 音效都会作为固定的触发器播放。

以下是你在玩视频游戏时可能听到的 2D 音效：

❑ 音乐：在打开菜单期间，按下开始按钮之前播放的音乐。

❑ UI：按下按钮时，听到的"咔"声。

❑ 画外音：旁白，讲述游戏的玩法。

❑ 环境声：在某个区域播放的一般声音，如风声。

以上所有类别都可能由玩家的行动、游戏事件、开始游戏或进入游戏新区域触发。但并非所有这些都存在于游戏的 3D 空间中。这些就是 2D 音效。

现在我们已经讨论了 2D 音效是什么，接下来讨论 3D 音效。

10.4.3　3D 音效

与 2D 音效不同，3D 音效存在于游戏世界中。当你玩游戏时，通常可以通过在游戏世界中移动以及在哪个耳朵听到了什么声音来判断哪些声音是 3D 的。这就是所谓的声像（panning）。

声像是声音的立体音质。你是否有过这种体验戴着耳机听歌时，把左耳或右耳的耳机摘下来，只能听到一些伴奏，而不是整首歌？这就是声像！制作这首歌的人故意把这些伴奏放在一侧声道，以创造更好的"立体声想象"（我们不会再深入讨论这个问题）。

所以在现实世界中，如果有人在你的左边说话，你的左耳就能听到，而你的右耳听到的就相对较少。我们希望在视频游戏中重现这种感觉。所以，我们将有位置的声音定义为 3D 音效。

1. 使用 3D 音效

我们来做一个小实验。选中 Music 游戏对象并把它的 Spatial Blend 选项从 0 调整到 1。

现在就有了空间音频！这意味着我们的声音将是 3D 的！

就目前而言，可能很难准确地知道哪里正在播放音乐，因为没有视觉指示器。因此，为了解决这个问题，创建一个球体游戏对象作为音频源的子对象，以准确显示音乐所在的位置，如图 10.9 所示。

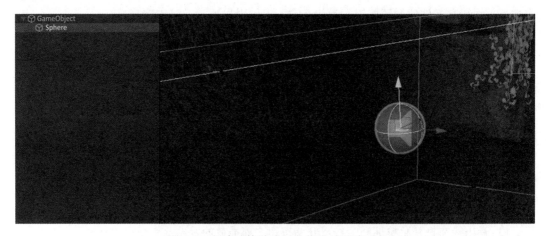

图 10.9　创建球体游戏对象作为子游戏对象

现在，当我们单击播放按钮时，可以确切地看到音频源是从哪里播放的。接下来，我们将讨论如何修改 3D 音效的参数。

2. 音频监听器（1）

如何在游戏中听到声音？通过音频监听器。这是一个组件，我们可以把它放在任何游戏对象上，充当一对虚拟耳朵。在大多数情况下放置这个监听器非常简单，但有时我们需要更复杂的结合。

在使用第一人称摄像机的游戏中，很简单，我们只需要将监听器添加到摄像机的游戏对象中就可以了。

我们在摄像机上使用一个音频监听器，因为它充当玩家的耳朵。但有时摄像机可能处于等距视图中，当玩家在游戏世界中移动时，摄像机离玩家太远，无法正确地转动和听到声音，所以我们把音频监听器放在一个新的游戏对象上，与摄像机偏离。

我们将在音频监听器（2）部分回顾这个问题。现在设置一些 3D 声音的配置，在设置好之前，我们将无法真正地使用音频监听器。

10.4.4　3D 音效设置

当你在现实生活中听到声音时，通常在你靠近时，声音会变大，而当你远离时，声音会变小，最终消失。我们可以使用 Audio Source 组件上的 3D 音效设置来添加这种效果。

我们将重点看一下 3D 音效设置中的最小距离（Min Distance）和最大距离（Max Distance）。

在 Audio Source 组件中将最大距离更改为 10，然后播放。假设球体还在游戏对象上，那么在游戏中就要靠近它或远离它。为了进一步可视化，让我们将场景选项卡与游戏（Game）选项卡并排放置。

做完之后，可以在游戏中使用线框小工具（Gizmo）球体可视化最小距离和最大距离！我们会发现，当将玩家移到球体范围之外时，将不会再听到声音。

使用最大距离滑块，可以设置最远能听到声音的距离。使用最小距离滑块，可以设置声音在哪个点位最大。我们把最小距离改为 3，你会注意到大球体里面的小球体发生了变化。

当我们在这个球体内移动玩家时，你会注意到没有声像。这是因为声音已经达到了最大音量，在较小的球体内部，声音将变成 2D 音效！

最后，我们只设置音量衰减（Volume Rolloff），并将其设置为线性衰减（Linear Rolloff）而不是对数衰减（Logarithmic）。这样做的原因是，当你在对数衰减模式下将最大距离更改为小于 500 的数字时，声音实际上不会在这个距离上消失。所以如果我们将最大距离设置为 10，那么即使我们在地图上距离 400 个单位远时，也会继续听到声音，即使我们将最大距离设置成远小于这个值。

为了便于参考，这里设置的是对数衰减，如图 10.10 所示。

图 10.11 所示是线性衰减。

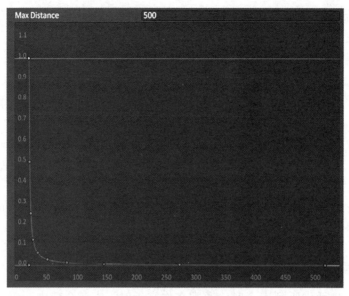

图 10.10　对数衰减

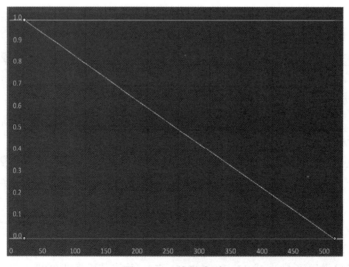

图 10.11　线性衰减

1. 音频监听器（2）

你可能已经注意到，当玩家在球体内时，音频感觉有些不对。通常情况下，当玩家穿过球体时，声音并不是最大的；只有当摄像机靠近球体时，声音才会达到最大。这是因为 Unity 的音频监听器默认放在摄像机上。

在第三人称游戏中，就像我们正在制作的这款游戏，我们希望将音频监听器添加到玩家身上，但这里存在一个问题。我们希望它在玩家身上，但不与玩家一起转动。我们想要用摄像机旋转它，如图 10.12 所示。

图 10.12　在层级结构中选择摄像机

如果我们打开场景，可以看到 MyvariWithCameraRig 已经附加了 Main Camera。在检视器内部，我们会发现一个名为 Audio Listener 的音频监听器组件，如图 10.13 所示。

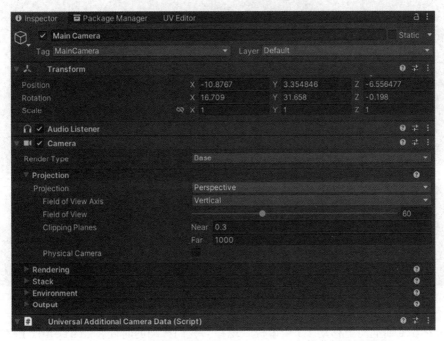

图 10.13　在检视器中附加到 Main Camera 上的音频监听器

现在做一个实验，我们移除这里的 Audio Listener，并将其直接放到我们的主角上。把它放在 Character 游戏对象上就可以了。

现在运行游戏，让主角远离球体，绕着球体旋转。你会注意到到处都是声像！从我们观察主角的视角来看，很难判断声音来自哪里，因为我们并没有站在角色的视角，我们用的是第三人称视角。

在这样的游戏中，我们可能只需要将 Audio Listener 放置在摄像机上就可以了，但将它放置在角色的模型上会有很大帮助。但我们不会这么做，因为玩家还可以转动。

但这是有解决办法的！在大多数游戏中，我们必须将它作为子游戏对象添加到 MyvariWithCameraRig 游戏对象的主摄像机中。但是在这里，我们已经完成了大部分工作，因为根 MyvariWithCameraRig 的 Transform 已经与角色模型一致了！

我们所要做的就是在根 MyvariWithCameraRig 中创建一个新的游戏对象，将其重新命名为 Listener，如图 10.14 所示，然后我们可以将 Audio Listener 组件添加到其中。

图 10.14　把音频监听器放在新的游戏对象上

接下来，我们可以将这个 Listener 游戏对象在 y 轴上向上移动，这样它就会与角色的耳朵对齐了，如图 10.15 所示。

图 10.15　音频监听器游戏对象排列在 Myvari 的头顶高度

我将它在 y 轴上向上移动 1.5 个单位。现在当我们移动的时候，Listener 游戏对象的 Transform 会和摄像机一起变化。我们的 3D 音效现在将在相对于角色的位置上播放，而不是相对于摄像机的位置。

2. 添加 3D 环境音效到游戏中

在你的生活中体验过多少次绝对的安静？你可能认为在客厅里享受一个平静的夜晚是绝对安静的，但是你仍然可以听到空调、冰箱的运转声或者窗外的声音等。

这些声音并不大，但关键是我们从来没有真正体验过绝对的安静。

所以，即使在我们的视频游戏中，如果玩家处于空闲状态，没有移动，并且完全静止不动，总是播放一些其他类型的声音会很有用，这就是环境音效的用处。

环境音效一般可以定义为"存在于 3D 空间但不发生移动的声音"。在我们的神圣森林（Holy Forest）项目中，可以添加树木的沙沙声，洞穴内部、传送门的嗡嗡声，物体发出魔法能量的声音，河流的声音等。

添加环境音效非常简单。从技术上讲，我们已经实现了！在 3D 音效设置部分听到的声音在技术上可以看作环境音效。

我们从场景中非常简单的树木沙沙声开始。

将 `Assets/Sounds/AMB_Trees3D.wav` 文件放到游戏对象的 Audio Source 组件中。把音量衰减设置成线性衰减，并把空间混合设置成 1。然后，把最小距离设置成 1，最大距离设置成 5。

完成之后，就可以将游戏对象的 Transform 值设置成如图 10.16 所示的效果。这个游戏对象在场景中的层级结构中 Sound 的下面，用于第一个 `AMB_Trees3D` 游戏对象。.

⟁ Transform						❷ ⇄ ⋮
Position	X	15.32	Y	-3	Z	-663.04
Rotation	X	0	Y	0	Z	0
Scale	X	1	Y	1	Z	1

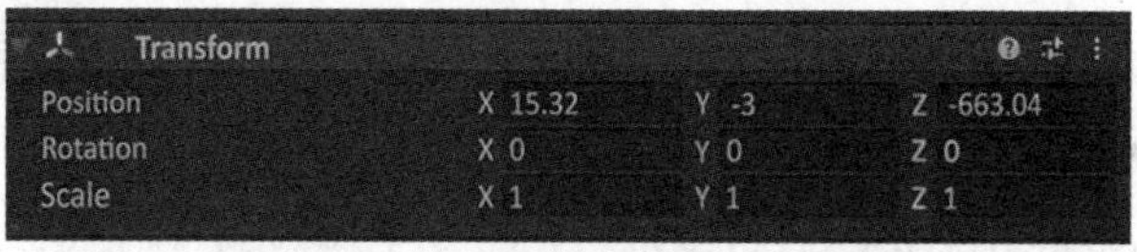

图 10.16　AMB-Trees 3D 游戏对象的音效 Transform

我们将把它放在玩家出生点位左侧的更大的树上。在图 10.17 中，你可以在场景中看到我们的声音小工具。双击层级结构中的 `AMB_Trees3D` 游戏对象，将把你带到场景中的实际位置。

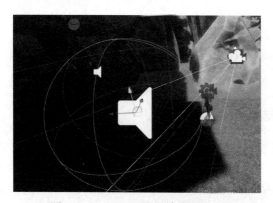

图 10.17　用于环境音效的 Gizmo

最后，我们要确保勾选了 Play On Awake 复选框，这样当场景开始运行时就会立即播放声音，如图 10.18 所示。

图 10.18　确认 Play On Awake 已勾选

现在按下 Play 键，将会看到声音在游戏中正常播放！与之前播放的声音完全一样，我们可以从各个方向听到它，当我们离开树的半径范围时，声音最终会消失。

3. 填充环境音效

对于其余的环境音效，我们将会重复刚才所做的工作，包括环境音效的最小 / 最大范围和位置设置，以及使用我们认为适用于各种环境的音频文件。在场景中，我们将环境音效设在 ====AMB==== 层级下，如图 10.19 所示。强烈建议你听听周围的声音，看看它们听起来感觉如何。

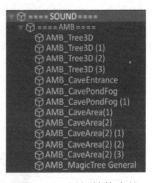

4. 2D 环境音效

如果你在我们刚刚填充的场景中走动，你会注意到它现在更有活力了！然而，你也会注意到在某些地方是寂静的，正如我们所了解到的，绝对的寂静并不是我们希望玩家在游戏中体验的！

图 10.19　层级结构中的环境音效列表

我们添加一个音频源 General2D_ Amb.wav 到 ====SOUND==== 父游戏对象中。

10.5　通过玩家交互触发声音

到目前为止，我们创建的所有声音都会在一进入某个场景时就播放。这是因为我们在 Audio Source 组件中勾选了 Play On Awake。

如果不勾选，声音将永远不会播放。但更好的方式的是，我们可以用其他方式触发声音的播放！

通过 Unity 事件触发声音

我们来为第一个楼梯解谜制作音效。这很简单。对于我们来说，添加声音最简单的方法是直接将 Audio Source 组件添加到触发区域的游戏对象上。找到 LeftStairsTrigger，在 Inspector 中向下滚动，直到找到 Interaction Trigger（交互触发器）脚本，如图 10.20 所示。

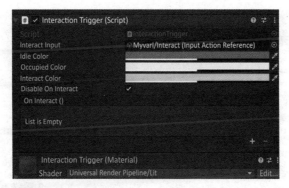

图 10.20　LeftStairsTrigger 游戏对象的交互触发器脚本

我们之前建立了一个名为 **OnInteract** 的 **UnityEvent**，现在可以在 Audio Source 中使用它。然后，单击检视器底部的 Add Component，并选择 Audio Source。

接下来，将 **StairsPuzzleSuccess.wav** 文件拖放到 Audio Source 组件中。我们将把 Audio Source 设置成 2D，因为我们正在播放的声音是奖励铃声。

现在，单击 **OnInteract　UnityEvent** 中的 **+** 号，并在显示 **None(Object)** 的字段中拖入 Audio Source 组件，如图 10.21 所示。

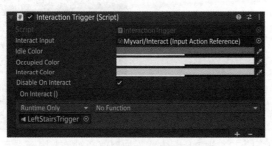

图 10.21　添加到交互触发器的声音

接下来，你会看到下拉列表的标签是 No Function。单击它，然后下滑到最下面的 AudioSource，然后选择 Play()，如图 10.22 所示。

这将确保我们在激活 **LeftStairsTrigger** 时播放音频文件。然后播放，找到 **LeftStairsTrigger**，做完这些后，你就会听到声音了。继续对 **RightStairsTrigger** 重复相同的过程。

1. 旋转解谜的声音

这是我们第一次在代码中直接触发声音。这会是一个相当简单的过程，让 Audio Source 变量通过代码公开可用，而我们只需要触发它。

我们将加入以下声音：

❑ 解谜完成时播放的声音。

❑ 塔尖开始移动时发出的声音。

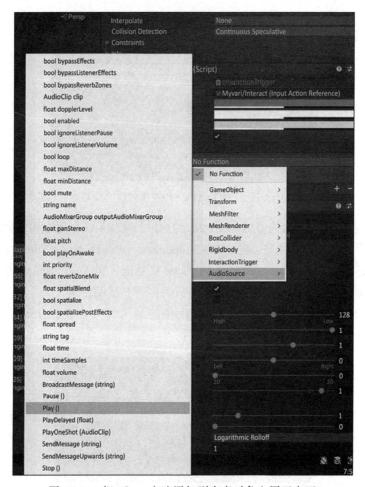

图 10.22 把 Play 方法添加到声音对象上用于交互

让我们从最简单的声音——解谜完成的声音开始。当所有的塔尖都对齐，并且门打开时，就会播放声音。打开场景中的第一个解谜预制件，打开 **FirstPuzzle.cs** 脚本。我们将在这个脚本中添加代码，如图 10.23 所示。在第 173 行输入以下代码：

```
public AudioSource puzzleCompleteSFX;
```

```
168          /// <summary>
169          /// TEMP: Reference to door, hidden when puzzle is solved
170          /// </summary>
171          GameObject tempDoor;
172
173          public AudioSource puzzleCompleteSFX;
174
175          /// <summary>
176          /// Initialization
177          /// </summary>
178          void Start()
179          {
```

图 10.23 把 Public Audio Source 添加到第一个解谜脚本中

现在回到场景中的 First Puzzle 预制件，打开检视器，并添加一个 Audio Source 组件。在这个 Audio Source 组件上，取消勾选 Play On Awake，并将 `FirstPuzzleJingle.wav` 拖到其中。

接下来，以同样的方式将 Audio Source 组件拖到 `UnityEvent` 中，把音频源拖放到 FirstPuzzle 脚本组件上叫作 `Puzzle Complete SFX` 的新生成的字段中，如图 10.24 所示。

Correct Threshold
5
Push Speed
10
Puzzle Complete SFX
FirstPuzzle (Audio Source)
Audio Source

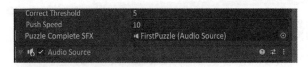

图 10.24　把声音文件拖进 Audio Source 组件中

最后一步是转到 `FirstPuzzle.cs` 脚本中的 `CheckForVictory()` 函数，并进入第 241 行的 `if` 语句。在图 10.25 所示的第 245 行返回 `true` 之前，我们将添加以下代码。

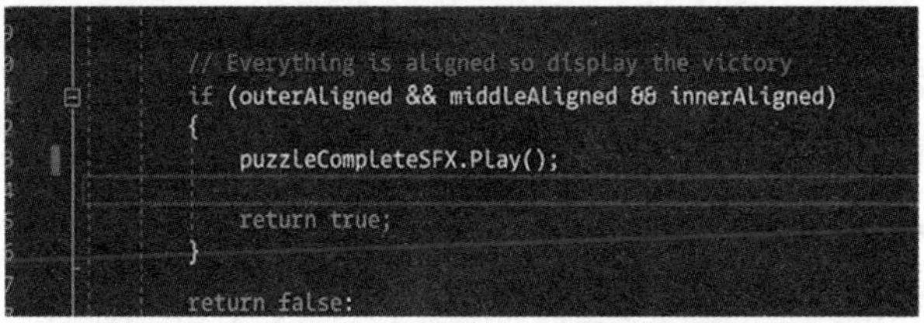

// Everything is aligned so display the victory
if (outerAligned && middleAligned && innerAligned)
{
puzzleCompleteSFX.Play();
return true;
}
return false;

图 10.25　为 Audio Source 调用 `Play` 方法

现在我们进入游戏，看看是否有效。当进入游戏时，应该能够激活解谜程序，并在成功旋转塔尖时听到声音！

2. 树的解谜

使用与之前相同的方法，添加一个当我们把球放在桥上时的声音，当我们完成解谜游戏的一部分以及全部完成时播放。打开 `FinalPuzzle.cs`，在以下几处添加代码：

- 在第 31 行添加 `IntroPuzzleSolved.wav`。
- 在第 38 行添加 `FinalPuzzlePartial.wav`。
- 在第 41 行添加 `FinalPuzzleSolved.wav`。

10.6　小结

祝贺！我们刚刚迈出了理解视频游戏音频的第一步。我们讨论了声音效果的组成部分，声音设计的五个部分，了解了音频监听器以及音乐和声音之间的区别，学习了如何使用 3D 音效以及如何通过代码触发音频源组件！这是我们通过声音为游戏注入活力的一个很好的开端。在第 12 章中，在优化音频的同时，我们将讨论一些额外的技巧，使你的音频效果进一步提升。

在下一章中，我们将继续构建项目，让你可以与别人共享项目。

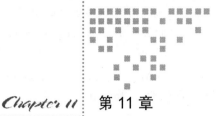

Chapter 11 | 第 11 章

构建与测试

从学习开发游戏到现在，我们已经一起学习了很多知识点。我们现在应该已经有一个游戏的垂直切片能够在 Unity 编辑器中运行了，并且可以玩这一部分游戏。这非常不错，但是你会期望玩家下载 Unity，打开代码包，然后在 Unity 编辑器中玩这个游戏吗？应该不是！这就是为什么我们要将游戏项目构建成可执行文件。在本章中，我们将讨论如何构建游戏，以便发布和测试并最终交到玩家手中。

在本章你将学习到以下内容：

❑ 使用 Unity 构建游戏。

❑ 测试——功能测试、性能测试、游戏测试、浸泡测试和本地化测试。

❑ 用户体验（UX）。

11.1 使用 Unity 构建游戏

我们非常努力地整理出一套游戏体验，现在需要将它带给玩家。为此，我们需要为 Unity 提供一些配置，Unity 需要知道你正在构建什么，例如应该在应用程序中构建哪些场景、面向哪个平台以及影响构建输出可执行文件的其他选项。

我们现在所处的垂直切片阶段是进行构建的好契机，这可能不适合所有项目。在大多数情况下，使用构建的最佳方式是尽早构建，经常构建。在我们的例子中，需要等到从两个主要解谜中确定了一些机制和标准游戏流程后才去构建。

在图 11.1 中，你可以看到 Build Settings 菜单，它位于 File → Build Settings 下。下面我们将介绍各项设置。

图 11.1　构建设置

我们看到的第一个模块是 Scenes In Build（Build 中的场景）。它在窗口的顶部，我们应该意识到它很重要。这里会自动加载默认场景，可能还有你想要加载的其他场景。也可能有另一个场景用于菜单系统或者另一个地图用于新手指导。这里的关键点是把游戏中要加载的场景放进列表中，你只需要将场景从项目窗口拖到 Scenes In Build 框中即可。

 列表中最上面的场景永远是第一个要加载的场景。

在 Scenes In Build 模块下方，界面分为两部分，Platform（平台）和用于该平台的设置。在左侧，我们选择要构建的平台，用于该平台的设置将出现在右侧。此处只讨论 Windows、Mac、Linux 选项及对应的设置。

如果你正在为其他平台进行构建，Unity 文档将帮助你完成构建过程。下面我们将解释大部分可以设置的参数。主机平台和移动平台将有一些不同的参数，这些参数只针对其目标平台的需求。

11.1.1　目标平台

选项非常简单，你希望针对哪个平台进行构建？可以选择 Windows、Mac、Linux 选项，我们在这里针对 Windows 平台构建这个垂直切片。

11.1.2　CPU 架构

我们还需要知道计划把游戏运行在哪个 CPU 架构上，32 位操作系统只需要 4GB 以内的 RAM。但是对于小游戏，你也可以选择 64 位，这不会影响游戏的运行。通常来说，64 位更常用。

11.1.3　服务器相关构建

如果你正在开发多人游戏，Unity 可以为你创建服务器。这个配置可以生成不包含视觉元素的玩家设定，还可以生成用于定义多玩家的托管脚本。我们在构建中不使用这个配置，这里只进行了解。我们也不会使用 Unity 开发多人游戏，因为这种类型的游戏在项目一开始就有很多不同之处。

11.1.4 复制 PDB 文件

这是一个 Windows 平台特有的设置项，可以生成用于调试的 PDB 文件，在我们的构建也可以不使用这个选项。

11.1.5 创建 Visual Studio 解决方案

这也是一个 Windows 平台特有的设置项，开启这个选项后，可以在 Visual Studio 中进行构建，而不是只能在 Build Settings 菜单中构建。如果你的目标平台是 macOS，则会出现一个创建 Xcode 项目（Greate Xcode Project）复选框。

11.1.6 开发构建

启用这个选项可以允许调试，包括探查器（Profiler）。探查器是一个分析器，用于了解运行时正在执行的代码。我们将在 11.2 节仔细讨论它以及一些定义好的设置项。当你需要测试应用程序并且担心性能时，这个选项非常有用。如果你的预算紧张，就更需要启用这个选项。有一个术语称为"基准测试"，该术语指的是在目标机器上测试你构建的程序。如果你选择一台低端计算机进行测试，请注意它的配置并在开发模式下构建游戏，以便可以在游戏运行的同时运行探查器。有了基准测试结果后，你就可以对它在高端和低端机器上的运行表现做出一些有根据的猜测了。

11.1.7 自动连接探查器

如果你已经开启了开发构建选项，那么还可以开启自动连接探查器这个选项，它会自动连接探查器。

11.1.8 深度分析支持

这个选项也需要先开启开发构建选项后才可以勾选。该选项可以让 Unity 探查器记录更详细的数据，但它不是检查性能的最佳选择，因为会使脚本的执行速度变慢。使用该选项的主要目的是通过记录所有函数的调用来获取托管应用程序的特定问题。

因为每个方法的调用都会被单独记录，深度分析提供了非常清晰的调用时间和调用细节视图。游戏过程中的一些漏洞可以更容易地被找到。

11.1.9 脚本调试

这个选项也需要先开启开发构建选项后才可以勾选。开启这个选项会在脚本代码中添加调试符号，允许 IDE（集成开发环境，比如 Visual Studio）在游戏运行时附加到游戏中，以便通过断点和调试系统进行调试。勾选之后，另一个选项会出现在其下方，如图 11.2 所示。

如果开启了等待托管调试器（Wait For Managed Debugger）选项，则会一直等待 IDE 询问连接到执行程序的路径，在连接到调试器之前，代码不会执行。

图 11.2　构建设置项

11.1.10　只构建脚本

在发现漏洞后你可能会想对项目做一些改动，但是又不想生成所有内容，因为数据文件可能会非常大。我们在本书前面的章节中曾经讨论过迭代的重要性几乎大于一切，这个选项能显著减少调试的迭代周期。

开启这个选项后，可以只构建脚本，而保持数据文件不变。

11.1.11　压缩方法

有三个压缩方法的选项：Default（默认）、LZ4 和 LZ4HC。Default 的意思是不压缩，不压缩则会直接在 Windows、Mac 和 Linux 平台生成一个可运行的文件。在面向 Android 平台生成时，则会生成一个 ZIP 文件。

LZ4 对于开发构建很有用，因为数据存储会被压缩，而在运行时被解压缩。场景和资源文件的加载则会依据磁盘的读取速度决定。这是另一个可以用于加快迭代周期的选项，因为构建时间会比默认的更短。一个有意思的点是：在 Android 平台上，LZ4 的解压缩速度比 ZIP 更快。

LZ4HC 是 LZ4 的高压缩比版本，会导致构建需要更多时间，因为在构建时要压缩更久。这个选项对于花了一定时间调试后发布的构建版本非常有用。

用默认压缩方法去做游戏的快速测试是个好选择；在开发构建和调试环节请使用 LZ4；在准备制作发布版本时，使用 LZ4HC。

11.2　测试

测试游戏是一个宽泛的概念。大部分测试概念很常见，还有少部分测试概念是特有的。我们经常看到的测试模式是：

❑ 功能测试。
❑ 性能测试。
❑ 游戏测试。
❑ 浸泡测试。
❑ 本地化测试。

如果你研究游戏的质量管理或游戏测试，会发现其他一些测试术语，并且有的工作室可能有自己的特定测试，这些测试是其最佳实践的一种实现形式。

这些都没有问题。上面给出的测试模式几乎在每个工作室都能看到，我们将会逐个解释这些测试的含义。让我们先详细介绍第一个——功能测试。

11.2.1　功能测试

在阅读本章之前，你的测试就已经开始了。每次你按下 Play 键来检查脚本是否做到了它应该做的事情时，实际上就是在测试该脚本以及游戏的其余部分。这是游戏开发的迭代本质的一部分，也称为功能测试。

功能测试有一个很直接的名字！它正在测试游戏的功能。功能测试的几个例子如下：

❏ 动画——查找不能协同工作的动画或不工作的角色、装备。这项测试是角色动画过渡到其他动画时通过测试玩法和角色的移动来实施的。

❏ 声音元素和质量——在特定时间专心聆听以发现声音播放上的问题，比如不该有的脚步声、不在附近的物体产生的环境噪音，以及声音没有被正确播放的任何部分。

❏ 过场动画——播放过场动画以找到不合适的声音效果、视觉效果、动画或整个过场动画的时长。

❏ 说明或教程——游戏中可能有关于如何玩游戏的说明。这些说明应该正确编写并且适用于玩家正在使用的控制器。

❏ 玩法交互——体验游戏中所有的机制，检查这些机制是否按预期工作，并且能够在结束时正确地达成。

❏ 排序——这是一项视觉检查，用于处理透明度问题。屏幕上的图层需要知道它们在屏幕上的显示层级。对于某些效果和 UI 来说，它们很难知道最上层的内容要如何排序显示。这需要对多个场景进行测试，以确保具有透明度的游戏对象能够正确排序。

❏ 可用性——可用性有自己的测试内容，但在这里，我们要测试的是有效的控制器方案。比如按键 A 用于跳跃，但有时候按键 A 也常被用于其他功能，要解释清楚为什么这样做。

❏ UI（菜单结构、分辨率、宽高比、字体大小）——用户界面的许多方面都需要仔细检查。缩放后它看起来如何？颜色看起来正确吗？你能理解菜单的流程吗？冒出来的每一个小问题都会被多数用户看到。这些问题需要被记录下来才能被修复。

如你所见，功能测试是一项细致的工作，需要反复进行，以确保游戏的所有功能对玩家都有意义并且可以正常工作。当你通过玩游戏来测试单个玩法时，这是一个好办法，但这很片面，游戏的其余部分可能会受到你所做的更改的影响。强大的功能测试应当尽早且时常进行，这样做将使你的项目最终变得更加清晰和完善。

在进行功能测试时，你可能会遇到渲染问题，从而导致帧率降低。如果发生这种情况，请记录下来，并将其添加到即将要做的性能测试列表中。

11.2.2　性能测试

在 Unity 中，有四种来源分析器：

❑ Unity 分析器。

❑ 内存分析器。

❑ 帧调试器。

❑ 物理调试器和分析器。

这四种工具有自己特定的用途，可以帮助我们定位引发问题的原因。我们将深入了解每一种工具。首先，我们来了解最常用的一个——Unity 分析器。

1. Unity 分析器

要想进行分析操作，需要使用 Unity 的分析工具——分析器，如图 11.3 所示。

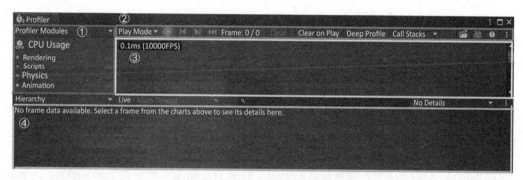

图 11.3　Unity 分析器的窗口示例

分析器工具可以帮助我们查看 CPU 的使用情况、内存的使用情况以及渲染时间。当你通过菜单 Window → Analysis → Profiler 打开分析器后，可以看到四个部分：

❑（框①部分）性能分析器模块——显示有哪些分析模块正在使用中，并且在分析器开始录制后用不同颜色标识不同模块。

❑（框②部分）分析器操作区——用于设置分析器要怎么做，比如可以开始录制、切换模式或者使用分析工具。

❑（框③部分）帧率图——将每一帧显示成随时间变化叠加的图表和渲染通道的曲线。

❑（框④部分）模块详情面板——用于说明所选帧的每一部分，根据线程占用的百分比进行细分。主线程是 Default。

举个例子，在图 11.4 中，我们在运行游戏时选中了某一帧。我在 Myvari 四处走动时录制了 7800 帧。你可以看到我们现在录制的速度接近每秒 60 帧。什么操作占用了 PlayerLoop 最多的 CPU 时间？在这里，是在编辑器中运行的游戏占用了 80% 左右的时间。向下滚动 PlayerLoop，我们看到前向渲染器是主线程中最重的任务。目前在场景中没有做什么事情，这就是为什么游戏可以以平均每秒 60 帧的速度运行。

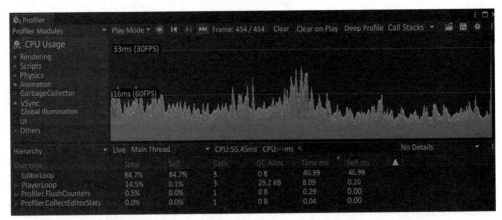

图 11.4　选中帧后的分析器

你可以看到分析器的很多有关信息，当你想调查游戏的帧率较低的原因时，这些是非常有用的信息。

2. 内存分析器

内存分析器用于分析编辑器的内存使用情况。你如果在 Development Build 菜单中选中了 Build Settings，也可以在独立程序上使用这个工具。这里的限制是你不能在发布版本上使用它，这和前面的 Unity 分析器一样，并且内存分析器也不会被自动添加进 Unity 的项目中。可以以包的方式添加，步骤如下：

在 Package Manager 中，通过包名添加包，如图 11.5 所示，然后在 Add package by name 中输入 `com.unity.memoryprofiler`。

图 11.5　通过包名添加包

安装后，就可以通过菜单 Window → Analysis → Memory Profiler 中使用内存分析器了。第一次启动时，会看到一块空白的中间区域，有一个可以创建快照的选项。如果你单击运行并获取快照，可以得到一个与游戏中相似的截屏。这个分析器中有大量信息需要查看，它的主要用途是在帧率较低时，或者在浸泡测试中发现了崩溃情况时，检查内存使用情况。通过多个快照，就可以查看内存的使用情况了，如图 11.6 所示。

在查看快照时，中间区域会把快照中的所有内存分解成小块，在底部区域将分组显示所有模块使用内存的情况，你可以选择某个分组进一步进行分解。我们选中底部的色块进一步分解，它用于显示 Texture2D 的相关情况，我们已经预料到了这个结果——占用了很大一块内存，因为它是用于所有建筑的纹理，所以它需要使用大量内存。

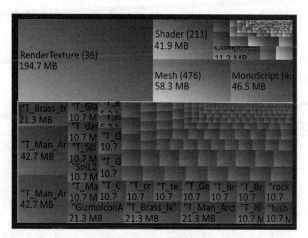

图 11.6　内存分析器

如果内存的使用情况如我们所料，那么可以看一下帧调试器，以查看在特定帧中加载什么导致了内存问题。接下来我们看一下这个工具。

3. 帧调试器

能够查看单个帧，以及查看绘制单元是如何构造的，以便了解这一帧是如何渲染的，这对于调试视觉组件非常有帮助。你可能在进行功能测试时发现图层的排序问题时使用过这个功能。现在你可以打开帧调试器，并查看每一个图层是何时呈现的，这样你就知道为什么这些图层以错误的顺序渲染。

帧调试器的另一个强大功能是：你可以看到正在渲染的对象上设置了哪些 Shader 属性，如图 11.7 所示。这很有用，因为当你正在程序化设置 Shader 属性时，可能期望这个 Shader 属性使用某个纹理变量。如果没有达到预期，那么可以检查这一帧并看看它被设置成了什么。这可能会让你找到为什么某一帧被设置成了期望的值，但之后却被隐藏了的原因。这就可以帮助你编写正确的脚本，在设定预期值后改变一两帧的 Shader 属性。

图 11.7　帧调试器

4. 物理调试器和分析器

对于物理效果，我们有调试器和分析器模块。物理调试器是一个可视化工具，用于了解场景中有哪些物理碰撞，以及它们应该或不应该与哪些物体发生碰撞。正如你在第 7 章中看到的，刚体在其物理属性的优化设置中是很复杂的。能够可视化什么类型的碰撞器在哪里和什么对象上，对于了解对象在什么时候和为什么发生碰撞有很大的帮助。

在图 11.8 中，你可以在场景中看到哪些对象是物理对象。打开物理调试器的 Colors 部分可以根据你想要调试的内容为物理对象上色。

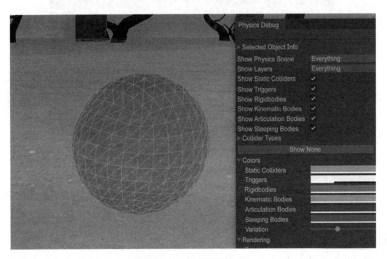

图 11.8　物理调试器

在通过物理调试器发现可见的游戏对象上有物理相关的问题后，还有另一个工具来收集更多信息。我们还有物理分析器模块，能够帮助解决可见的物理问题。物理分析器模块在 Unity 分析器中，可以在调试器打开时帮助你找到产生物理差异的原因。

物理分析器如图 11.9 所示。

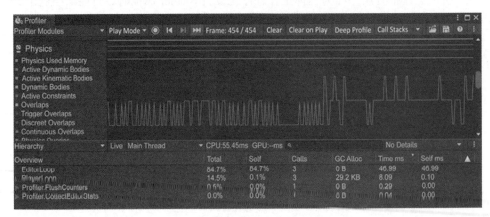

图 11.9　物理分析器

现在可能无法理解它的用途，因为我们没有物理相关的案例来演示如何解决问题。我们没有快速移动的可能会导致很多物理问题的对象。如果你的游戏确实有快速移动的对象，当你在记录你的分析器，并注意到游戏对象不应该错切时，物理分析器可以用于查看使用的总内存。有可能是使用的内存量不允许物理效果更新太快，所以不能获得活动的刚体信息。

使用物理调试时可能需要花点时间才能找到导致问题的原因，因为重现问题需要运行物理引擎。对于调试要有耐心，并使用尽可能多的工具来找到原因。

现在我们已经浏览了所有的调试工具，需要与团队之外的其他人一起测试游戏。这叫作游戏测试。让其他人也来玩我们的游戏吧。

11.2.3　游戏测试

这是一个很难评价的工作。首先，与你和你的团队、朋友和盟友一起进行内部测试可能是个好主意。你让他们玩这个游戏，看看他们的感受如何。当他们玩游戏时，你需要在旁边并请他们明确说出他们对这款游戏的感受。不要提示他们任何东西，你希望他们给你真实的感受，如果他们回答的是你预期的效果，那么你的游戏就没有令人失望。

即使游戏的艺术效果不到位，而且菜单系统还是带有 Arial 字体占位符的块状对象，用于以后修改，但这些都不会影响核心游戏体验。比如当有人进入游戏中你设置的第一个情感触点时，他的本能反应是怎样的。对于我们的项目来说，我们想给人一种好奇但更接近迷惑的感觉，因此我们需要仔细考虑布局，然后鼓励玩家进行轻度冒险。如果他们说出诸如"我想知道那里有什么"之类的话，我们的目的就达到了。

同时，他们可能会说同样的话，但你没有任何规划。让他们探索游戏中任何可能有物品的地方，你在旁边做笔记。在那些地点放一些可探索的物品是个好主意，让这种固有的好奇感使你的设计比原来更好。如果那里有交互操作，那么有没有物品都无所谓。这方面的一个例子是一个与叙事无关的区域，它稍微偏离主线，但可以进入。当测试人员移动到地图上你不希望他们去的位置时，可以把这作为改进的机会。你可以把这个位置建造成风景。当你走到那里时，相机会向外平移一点以拍摄风景。这不是故事的补充，但好奇感得到了满足。在你探索这些地点的时候，很可能会发生什么。

探索在游戏中占的比重可能不大，也许你的游戏主题以社交为中心。对于多人游戏中的任何玩家来说，互动的需求都很高。当多个人一起玩游戏时，你可以通过哪些方式与朋友互动？FromSoftware 的多人交互系统就是一个很好的例子。FromSoftware 游戏中的社交互动——例如艾尔登法环——允许你使用特定词语的消息，但你也可以使用表情，而此时的消息会用你的短消息和表情将你的角色扮演成幽灵。这允许你与你可能已经找到的表情进行交互。这是一种非常有趣的游戏交互方式，这种方式的定义会让你感到孤独和薄弱。

在他们玩完之后，记下所有笔记并感谢他们抽出宝贵的时间。你不需要实现测试中记下的每个问题，但是如果有五个人测试之后发现了同样的问题，这就成了趋势，首先关注这些问题。

11.2.4 浸泡测试

浸泡测试并不是一个直观的名字，我们不会把计算机泡进浴缸中，但我们会让游戏漫无目的地运行 24 小时。你的玩家角色在游戏中，活着，就只是自己坐在那里。这样做的目的是找出游戏中可能存在的内存泄漏。

内存泄漏是指某些内存没有被合适地处理。假设有一个粒子从树上掉下来用于营造一种美好的氛围，粒子被设定成死亡，但不小心添加了几个额外的 0，导致现在它的持续时间不是 10 秒，而是 1000 秒。当你在游戏中四处奔跑时，这可能不是问题，因为当你离开时，粒子会被剔除。但如果你让游戏处于空闲状态，所有的粒子系统都会堆积起来，地面上的几千片叶子可能会导致性能严重下降。这需要修复，如果没有浸泡测试，这是不可能被发现的。

11.2.5 本地化测试

本地化是把游戏翻译成其他语言。本地化测试需要花费的时间通常大于预期，所以要有耐心。每个菜单项、对话行、描述，都是测试要点。翻译不仅仅是逐字进行，有些语言需要更多的上下文描述，如果不注意，可能会有很令人迷惑的译文。

本地化一款游戏时，不要操之过急，否则会让使用其他语言的玩家有不好的体验。

11.3 用户体验

用户体验（UX）可以被定义为品牌推广、设计和可用性的总和。对于我们来说，将简要介绍品牌化是如何在用户体验中发挥作用的。然后我们稍微讨论一下设计，因为我们已经讨论了这个项目的基础部分的设计。在快速地讨论完这些之后，就可以开始讨论可用性了。让我们开始吧！

11.3.1 品牌推广

从广义上讲，从 UX 角度进行品牌推广主要是关于用户在游戏过程中所获得的整体体验将如何反映在品牌中。举个对比鲜明的例子，想想如果一款恐怖游戏的品牌推广使用了柔和的色调和彩色的花朵以及欢快的音乐作为营销材料，这显然与游戏定位不符，并且会导致用户体验不和谐。

UX 设计作为开发的一个重要环节，目标和重点是思考如何增加用户黏性。花在 UX 上的时间应该确保所有设计的部分，包括标签、营销材料和游戏部分，都应为整体一致的游戏体验服务。

11.3.2 设计

到目前为止，我们已经在本书中介绍了很多设计。有趣的是，我们是以孤立的方式介绍这些设计。这样可能会导致问题，幸运的是，对于我们的项目，我们主要将游戏重点放在角色设计上。其余的设计是构建她的种族的过去，这解答了视觉线索中的问题。

　　游戏的节奏是通过专注于环境叙事的游戏风格和机制来实现的。将这三个部分结合起来，就已经是一个有内聚力的项目。这很好地验证了我们在每个部分中花费在设计上的时间。干得不错，继续坚持下去!

11.3.3　可用性

　　在你通过精致的品牌推广以及智能和有内聚力的设计以吸引到用户之后，用户会使用该产品。对于游戏来说，可用性都集中在交互上。这不足为奇，因为我们在第 6 章中将其定义为游戏体验的核心。我们已经完成了与玩家的所有交互，但是还没有明确的可供性（affordance）。我们需要探索玩家如何知道他们可以进行交互。

　　我们将在这里介绍垂直切片的主要部分，从第一个解谜的初始问题开始，然后转到第一个解谜本身。之后，我们还需要介绍如何引入下一个游戏机制——心灵感应，最后是最终的解谜。

11.3.4　最初的问题

　　在第一个洞穴中，我们放置了一个被阻挡的阶梯，玩家需要与两个物体交互才能解锁。我们将使用几种事物来为玩家提供可供性，以便他们知道如何执行需要完成的任务：

- ❑ 光池。
- ❑ 世界空间 UI。
- ❑ 满足需求的动作。

　　光池是环境或关卡设计的一小部分，让玩家感觉自己应该朝着那个方向前进。如果通道是黑暗的，而在尽头有光亮，玩家将倾向于走向光亮。我们可以使用这种思路在需要按下的按钮附近放置发光的物体或光照。

　　现在玩家已经靠近光亮位置，当玩家足够接近时，将弹出一个用于交互的世界空间 UI。按钮类型应该与同类型的所有其他交互组件的相同。对于此游戏，我们的交互操作控制键是键盘上的 E 键。

　　单击交互按钮后，需要有一些内容来满足这个按钮的用途。在这里，是岩石上的一个按钮，它将以动画形式将自身放在适当的位置，单击后开始发光，并触发播放一种声音以指示用户已经使用了此处的功能。

11.3.5　第一个谜题

　　当你第一次遇到第一个谜题时，可能不会马上理解玩家的目的是将石头移动到某个位置。我们使用了一个主要的关键可用性特性以及其他看起来相似的特性。再次把它们列出来：

- ❑ 光池。

- 英雄雕塑。
- 世界空间 UI。
- 摄像机定位（前面提到的关键因素）。
- 满足需求的动作。

我们之前介绍了将光池作为一个概念用于定位。在这里，我们将使用光池把视觉焦点转移到要玩家要去的地方。需要注意门，因为门上有谜题的答案。

光池中的雕塑是谜题的答案。雕塑就放在玩家要去的下一个位置，当玩家离开阶梯时，雕塑就在面前，并且被照亮了。当到达阶梯顶部时，应该看不到任何障碍。这就是我们乐于为玩家做的事情。让他们有探索的体验，但是又知道正在去往正确的地方。

我们的世界空间 UI 与以前的相同，这里使用世界空间 UI 是想让玩家知道，当他们接近可移动的谜题时，可以与谜题进行交互。

下一部分中前进的关键因素是摄像机的移动。当你进入解谜空间时，摄像机将平缓地向上移动到一个新的位置，该位置表示成功移动了迷阵中的柱子，使用的是第一次进入迷阵时门上的雕塑。

在玩家将柱子移动到目标位置后，会有岩石被放置到位的巨大响声，并且听起来像一个大型锁栓连接到位。当最后一根柱子就位时，整个雕塑移动到最终归位的位置，摄像机移回角色的肩膀处，而柱子从中间升起，让玩家可以按下"开门"按钮。

11.3.6　引入次要机制

我们一直在解释玩家的可供性以及如何让玩家执行操作。你可以在不破坏游戏体验的情况下添加新的游戏机制，只要这是经过深思熟虑的。到目前为止，Myvari 只是一个探险家，我们希望她拥有来自种族传承的心灵感应能力。我们可以激活这项能力，然后用她的方式设置一些东西，但这并不是很有趣，而且体验也没有那么好。

为了形成一个新机制并希望吸引玩家关心我们的主角，我们要做的是给出两个操作，起初并不直接涉及玩家，但确实涉及 Myvari。要做的第一件事是，Myvari 从山边的一块低矮的区域走出来时，会有一块大石头从山上滚下来，过场动画开始播放，她会惊慌失措，然后举起手臂来保护自己，这会稍微触发 Myvari 的心灵感应，她将岩石向一侧移动一点，这样岩石就会坠落在山上而不是砸在她的头顶。

接下来，经过一些小的探索，玩家会来到一片区域，在这里无法进入新的区域，但可以看到新的区域。有一根柱子看起来像是打开第一个谜题的第一扇门的那个柱子，但它是单独存在的。我们将使用一种新形式的世界空间 UI，当你将鼠标悬停在碎片上时，碎片将被勾勒出来，并弹出交互按钮。这个轮廓的颜色将与岩石发生心灵感应时使用的颜色相似，当你单击时，角色将伸手捡起碎片，当碎片足够靠近柱子时，柱子会自动修复，这也会触发角色所在区域的诸多视觉变化。

总之，我们正在使用心灵感应的小例子来慢慢地以适合角色的方式介绍这个机制。这是对可用性的很好的利用，因为玩家可以与角色一起成长。我们现在可以把在这里学到的知识用到最终解谜中，使用这个心灵感应作为主要机制。

11.3.7　最终解谜

要做好游戏体验需要付出多少努力？这是一个有意思的问题。那些描述游戏机制的前期努力是使游戏体验具有沉浸感的黏合剂，而不仅仅是按下一个按钮来让角色做某件事。

我们现在进入了最后的解谜部分，这里有你之前看到的类似的玩家可供性的内容。由于机制中使用的物品不同，我们将使用略有不同的方法，但整体概念是由环境驱动的。你将在最终的解谜区域看到这些 UX 可用性功能：

- ❑ 光池。
- ❑ 英雄雕塑的连接。
- ❑ 世界空间 UI。
- ❑ 满足需求的动作。

与往常一样，我们使用光照来帮助玩家巧妙地理解下一步行动。有一束强光从我们的英雄雕塑（主焦点）的树后射出，这意味着它具有叙事意义，需要区别对待，连接到建筑的每根铁索发出了光芒，沿着铁索，穿过巨大的柱子。

这些柱子与英雄雕塑相连接，英雄雕塑是中心树。问题是柱子本身是残缺的。残缺的部分散落在树周围的地面上。移动鼠标可以查看这些较大的球形物体，与它们进行交互。

在这里，交互就是世界空间 UI。这是我们之前捡起碎片拼成柱子时看到的水桥的轮廓。捡起物品并将其放到相同形状的空位附近会点亮铁索，这需要按一定的顺序完成才能为树提供能量。这个过程在当角色能够注意到某些铁索损坏或没有正确连接而变慢。

满足需求的动作来自每次放置物体时从铁索流向树的正能量。最后，这棵树将在过场动画中点亮，并打开露出头冠的部分。Myvari 抓住头冠，戴在自己头上，以解锁她作为远古种族最后一位公主的身份。

当解谜完成，传送门打开时，垂直切片就结束了，Myvari 穿过传送门，激动地期待下一步的冒险之旅。

11.4　小结

你可能会想："接下来是什么？"这是一个好问题。你构建了一个游戏，并且已经通过测试发现并修复了一些漏洞。这已经是一个可以玩的游戏了，可以向投资者提供充足的背景信息，以继续获得资金或发行方面的支持。

我们接下来要讨论的是打磨技巧，以尝试将美化和 UX 放在重要位置。我们称之为收尾工作，因为我们知道这个垂直切片目前处于良好的状态，还需要对其进行最后的打磨。花一些时间在下一章中，看看我们可以做的所有事情，将我们的品牌和质量融入游戏。

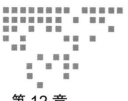

第 12 章

打磨

欢迎来到本章——打磨！人们通常会对游戏制作所需的时间和游戏开发的整体难度存在误解。本章将指导你打磨游戏项目。这不是一个简单的下一步，而是一个开放的盒子，可以让你看到我们使用什么工具来打磨垂直切片。打磨过程的一个有意思的特点是，它覆盖了游戏开发的 80%。这听起来可能不直观，然而，如果你在开发过程中一直关注屏幕截图，你就会发现，从消费者的角度来看，我们还没有制作出一款完整的游戏。机制的运作和游戏到目前为止只是一种体验，还不完整。

本章将包含以下内容：

❑ 概览。

❑ 敲定资源。

❑ 光照。

❑ 声音的润色。

12.1　概览

打磨对于打造完整的游戏体验是极其重要的。我们需要保持现有的成果并修补所有的缺陷。有几种方法可用于完成这部分工作。

在此之前，光照和声音很难敲定。可以有相关研发（R&D），但除非游戏的重点是这二者之一，否则你将无法敲定最终的光照或声音，直到游戏中的资源确定了，比如 12.2 节列山的那些资源。你可能很想知道为什么我们在这之前有一章是关于声音的。我们主要想在那一章介绍一下声音的基础知识，让你熟悉声音设计的概念及其在 Unity 中的实现。

光照可以在游戏早期用于烘托气氛，但需要先确定好环境和光池后再敲定光照效果。

再次强调，如果要在游戏体验中融入光照和气氛，那么即使是在封闭开发阶段，也需要进行繁重的光照研发。如果有需要的话，本章所有关于光照的讲解也能有效引导你。

具体的操作将在本章的三个主要部分介绍。这些操作专门用于我们现在的游戏项目，但也对你未来的游戏项目有益。将它们看成工具而不是教程，其中一些操作可能需要编程，而有些则不需要。

由于大多数机制都已经在一定程度上编写了代码，我们将首先关注资源的敲定。请记住，正如我们所说的，如果没有确定资源，就很难准备好光照和声音。所以我们从这里开始！

12.2 敲定资源

本节的内容非常有用。我们要了解很多很棒的美术资源和打磨技巧。以下是我们使用过的工具列表，它们可能会在未来的项目中为你提供帮助：

- ❏ 统一资源的风格化。
- ❏ 细节法线。
- ❏ 清理隐藏面建筑。
- ❏ 纹理混合。
- ❏ 环境凌乱。
- ❏ 细节网格。
- ❏ 特效。
- ❏ 过场动画。
- ❏ 副动画。

在讲解这些部分时，我们会解释为什么要在项目中这样做，从而帮你决定以后是否需要在自己的项目中进行这些打磨。之后，我们将介绍执行的步骤，这样你可以看到是如何做到的。有意思的是，我们实际执行的步骤可能不是实现这些打磨的唯一方法。最好将这些操作作为理解概念的方式或起点，因为你的项目的需求将会是不同的。我们将从统一资源的风格化开始打磨之旅。

12.2.1 统一资源的风格

当定义美术风格时，我们从粗线条开始。即使你已经花时间确定了美术风格，但一旦进入打磨阶段，就需要对其进行统一。在我们的例子中，资源还没有足够的风格化的外观来匹配我们的美术风格。我们频繁地使用"风格化"这个词，它也理应被用于游戏中，因为它意味着看起来不真实。在我们的例子中，我们希望确立风格，使一切事物能够让人感觉很自然。这意味着我们需要将所有对比鲜明的轮廓和颜色添加到纹理中，还需要将纹理中的线条加粗。

我们项目中的一个很好的例子是 Myvari 的项链。这件艺术品需要突出显示，因为它是 Myvari 心灵感应的主焦点。我们也知道将在播放过场动画的过程中近距离地看到它，所以要认真地设计这条项链，如图 12.1 所示。

图 12.1　对 Myvari 的项链进行风格化处理

在所有的美术作品中都需要做到这一点，使角色和世界的风格尽可能保持一致。风格确立后，某些模型可能还需要添加细节，我们称之为"细节法线"。我们现在就来讨论。

12.2.2　细节法线

细节法线有时可以看作风格化的一部分。在我们的例子中，我们希望这是整体美术设计中一个突出的部分，所以将其从风格化中移除。我们想把模型轮廓的风格化特点表现得淋漓尽致，同时也想给材质本身一种真实感。皮革、树皮等看起来都应该逼真。图 12.2 中显示了蘑菇没有细节法线和有细节法线时的细微差别。其中，左边的图像只有基本的法线和纹理，右边的图像在顶上有细节法线层。

图 12.2　细节法线示例

细节纹理也很有意思，因为它们通常是来自无缝纹理的较小的细节，基于模型纹理的尺寸，它们不能很好地适配纹理本身。为了获得较小的细节，我们在着色器中对它们进行分层，如图 12.3 所示。

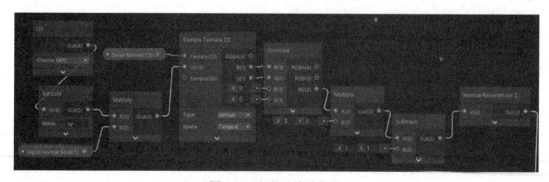

图 12.3　细节法线着色器

我们将根据数据的连接点来分别讲解，并解释每个节点的用途。首先，我们从 UV 节点开始。

❑ UV 节点：此节点设置你将要操作的 UV 空间。在下拉菜单中可以选择要操作的 UV 贴图。由于我们使用的是主 UV 通道，因此将其设置为 UV0。我们会把 UV 节点的输出作为 Swizzle 节点的输入。

❑ Swizzle 节点：Swizzle 节点允许用户进行输入，然后混合多个通道以创建满足数据总量的输出。你会注意到我们将 xy 设置为输出，而输入是一条引脚线，它指向一个 Vector4，也在 Swizzle 的输入中显示。在这里，我们只需要红色和绿色通道，因此只需要请求 xy 或 rg 通道，得到一条输出 Vector2 的绿线。Unity 的 Shader Graph 已经剔除了其余的通道，所以我们并不需要它，但只使用你需要的通道是一个好习惯。我们把这个输出放入一个 Multiply 节点中。

❑ Multiply 节点：我们在 Swizzle 节点的输入旁边使用一个浮点参数来保证 UV 的可定制性。Detail Normal Scale 参数也在这里公开了，稍后我们可以在检视器中根据需要进行调整。这个节点的输出将进入 Sample Texture 2D 节点的 UV 通道。

❑ Sample Texture 2D 节点：这个节点的另一个输入是我们的纹理 2D 参数细节法线。我们需要确保 Space 选项设置为 Tangent，因为稍后将修改正切值来重建法线。我们将再次从输出获取一个 Vector2 值，但使用与 Swizzle 节点不同的方法。我们将使用 Sample Texture 2D 节点的单个通道的一个 Combine 节点。

❑ Combine 节点：从 Sample Texture 2D 节点的输出中获取 R 和 G 的值，我们将其组合起来生成一个 Vector2，用于采样想要的纹理，并遵循我们设置的 UV。现在我们需要将这个 Vector2 转换成一个比例值，并将其偏置到一个不同的范围内。

❑ Scale 和 Bias 节点（使用乘法和减法）：这两个节点是基础的数学函数，用于将范围从 0~1 转换到 -1~1。我们通过对 X 和 Y 分别乘以 2 再减去 1 来实现。这对我们来说很重要，因为我们可能希望法线看起来是凹陷的或者凹进模型的。完成这个函数后，将值输出到 Normal Reconstruct Z 节点。

❑ Normal Reconstruct Z 节点：这个节点的目的是从 Sample Texture 2D 节点选择的法线贴图中获得正确的 Z 值作为 R 和 G 的输入。

在这之后还有三个步骤。我们将继续补全这个图表。获取这个节点的输出并将其放入 Normal Strength 节点中。

❑ Normal Strength 节点：插入 Normal Strength 节点的是我们从 Normal Reconstruct Z 节点输出的法线。还有一个浮点值，用于创建一个名为 Detail Normal Strength 的参数，可以在图 12.4 中看到。我们会使用这个节点，这样如果法线贴图看起来过于细节化或者在视觉上没有吸引力，就可以把值调低一点。在 Strength 输入中设置的参数可以让我们动态设置每个材质的 Detail Normal Strength。

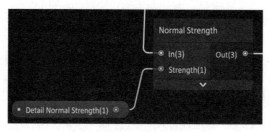

图 12.4　Normal Strength 节点

我们将这个节点的输出放入 Normal Blend 节点中。

❑ Normal Blend 节点：我们最终希望这些细节法线与网格本身的法线分层，这就是我们将要使用的节点（见图 12.5）。

此节点将输出一个包含数据中的两条法线的法线贴图。然后我们将此输出放入布尔关键字参数中，将其命名为 Detail Normal？。

❑ Detail Normal？：这个布尔关键字旨在让我们可以选择是否使用细节法线（见图 12.6）。由于这个着色器要在许多材质中使用，如果网格不包含细节法线，那么我们需要有一种方法来排除它。这里通过将输入设置成 On 允许接受既包括网格法线又包括细节法线的混合法线。如果设置为 Off，则只能接受网格法线。

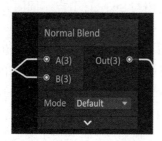

图 12.5　Normal Blend 节点

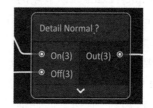

图 12.6　细节法线的布尔关键字

然后，此节点的输出将作为 Master Stack Normal 的输入。当创建材质时，如果你想要一个细节法线，需要做的就是在 Detail Normal？框中选择 On。

接下来，我们将要清理隐藏面建筑。

12.2.3　清理隐藏面建筑

当前建筑的轮廓可能看起来不错，但这些建筑有意义吗？这是关于建筑形状的一个有趣的设计问题。我们需要确保建筑看起来像是由生物建造的。这是一项很难完成的任务，因为我们想要模仿的生物并不存在！它们是虚构的生物，这意味着在为它们进行结构设计时，我们需要非常清楚自己所采取的方法。

我们知道他们关注的是天体和时间的概念。空间的形状、行星和时间的概念需要在建筑和材质中有所体现。这可能并不意味着对各个部分进行重新建模，但需要打磨形状，使表达足够突出，以适应我们的设计理念。

我们还需要删除一些永远不会被看到的几何图形。这是为了优化游戏，非常重要。在游戏中，如果你看不到它，那么就不需要渲染它。因此，我们做了一些称为隐藏面消除（backface culling）的事情。这意味着在游戏里面看不到球体的后半部分。

对象的背面不会被渲染，因为不会被看到。如果不这样做，那么将会渲染球体所有的面，这将会浪费宝贵的计算机时间。

12.2.4　纹理混合

当构建需要连接的地形或较大的物体时，总会有一些线显示出物体是 3D 网格。这是一个常见的问题，如果连接不紧密，可能会打破沉浸感或破坏游戏体验。有几种方法可以改善这一点。你可以在缝隙的顶部添加另一个网格，也可以将网格分层或重叠，在模型中生成一个裂缝，让玩家认为这是有意要轻微裂开的。还可以执行一些叫作纹理混合（texture blending）的操作。

一种方法是使用 Y-up 材质。Y-up 可能还有其他名字，但这里这样表述是因为使用 Y-up 轴来混合材质。我们要做的是让着色器混合世界法线（world normal）的在 Y 轴的正方向的值。这里在着色器的 Lerp 值中使用这个值，着色器的基础纹理在 A 通道上，B 通道上是苔藓或积雪纹理。图 12.7 中展示了一些只有单个 UV 设置的岩石纹理。

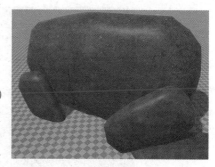

图 12.7　应用了 Y-up 着色器的岩石

你会注意到岩石的纹理几乎是一样的，只是被缩放和旋转了。这是在场景中重用网格的一个强大方法，这样你就不用建模那么多岩石了！接下来看一看 ShaderGraph 是如何工作的（见图 12.8）。

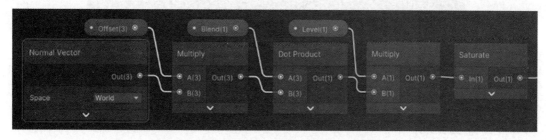

图 12.8　用于 Lerp 节点的 T 值的 Y-up 世界法线

我们需要规划如何在网格上分开纹理的渲染。有意思的是，我们需要让纹理始终出现在网格的顶部，无论它如何旋转。我们决定取世界空间的法向量，然后将其乘以名为 Offset 的 Vector3。我们想要正方向的 Y，所以 Offset 参数的默认值将是（0, 1, 0）。我们还有两个混合参数，它们是 Blend 和 Level，都是浮点类型。Blend 参数是一个 0~1 之间的固定值。

0 表示不混合，岩石就是唯一的纹理；1 表示不混合，但其他纹理有硬线。它与 Level 参数相辅相成。Level 参数应该设置成最小值是 0，最大值是 100 的 Slider，Default 设置为 1。这些可以在 Graph Inspector 中的 Node Settings 中设置。我们在这个着色器中添加它，是为了表明你可以添加更多的工具用于每个材质的美术设计。这行数据的末尾是一个 Saturate 节点。

这样能让数据保持在 0～1 的范围内，即我们需要的 Lerp 的 T 值，我们将在接下来介绍。

图 12.9 是我们的 Lerp，其值是基础纹理，B 是 Y-up 纹理。T 是图 12.8 中 Saturate 节点的输出。Lerp 的输出将被作为底色。这只是开始，你可以通过法线贴图和高度贴图来混合通道，使它们更加平滑。我们目前没有在这个着色器中使用额外的贴图，但是这个概念使用完全相同的节点，只是将额外的贴图作为输入。

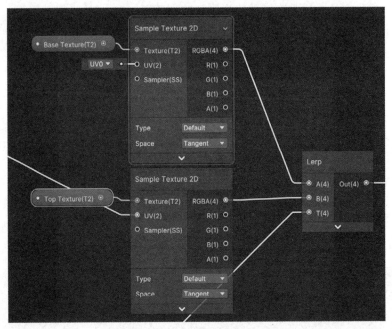

图 12.9　纹理的查找和线性插值

12.2.5　环境凌乱

这是一项独立的工作。那些在凌乱的环境中工作的人在行业中被称为凌乱艺术家。他们的工作是放置物品，使环境有居家感。目前，我们的环境还不具备这种效果。我们知道 Myvari 在哪里才能触发过场动画。我们知道她将如何解开物理谜题。我们不知道的是人们以前是如何在这里生活的。

在出现打开门的谜题之前，这些空间是用来干什么的？周围应该有坏掉的东西吗？还是很久以前就坏掉了？某个地方应该有蜘蛛网或植物吗？

凌乱艺术家会将一组小道具放置在附近，从而让玩家觉得在某个时间点上会发生一些事情。这也是我们在每个部分讲述小故事的机会。

12.2.6 细节网格

Unity 地形可以容纳细节网格，以放置简单的网格，比如草皮或小石头。我们在第 5 章的绘制细节部分简要地解释了这一点。这一章的主要目的是说明在细节方面还有很多工作要做。这与凌乱艺术家的工作非常相似，然而，这并不是专门用于在这个空间中营造生活气息的，而是开发大自然。在我们的例子中，我们用它来制作草皮和石头，需要确保草皮和石头的位置是合理的。

这主要是通过清理与细节网格有关的场景的更精细的细节来实现的。

12.2.7 特效

打磨特效类似于打磨动画，需要巧妙地确保它们准确地刺激了观众的情绪。此垂直切片的大部分特效都是环境特效。我们将介绍两个特效：第一个是通往洞穴第一部分阶梯的障碍物；第二个是 Myvari 的心灵感应。我们选择介绍这两个特效是因为它们非常独特。

1. 阶梯障碍物

阶梯障碍物是为了给玩家上阶梯制造障碍。玩家需要想办法挪开障碍物才能继续前进。我们决定跟着神秘的能量向阶梯前方移动。这完全通过着色器完成，意味着我们将在 Shader Graph 中介绍一些简单的技术。

图 12.10 展示的效果是静态的，所以进入项目，看看阶梯前的第一个解谜区域。

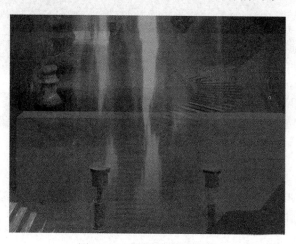

图 12.10 阶梯障碍物特效

这种特效是通过带有三个独特的云纹理的通道打包（channel-packed）纹理实现的。云纹理是 Adobe Photoshop 中的灰度柏林噪声。我们把每一层放在红、绿、蓝通道中，这样一幅图片就有了三种纹理。当产生 UV 动画时，可以使用多种不同的云纹理来构建我们的噪声模式。为了实现这个效果，我们需要有一种方法来让这些 UV 以多种方式产生动画。我们选择了在参数中创建的 A 集合和 B 集合。现在来学习一下这些参数，以确保我们的想法一致。图 12.11 会解释为什么每个参数能产生对应的效果。

图 12.11 Blackboard 中的 StairShield 参数

Color 参数将用于设置神秘魔法的整体颜色。Cloud Tex 参数可以用于设置这个着色器的纹理。然后我们对 A 和 B 版本进行偏移（Offset）和平铺（Tiling）。稍后我们会介绍这两个参数。然后是两条用于 Smoothstep 节点的边。

首先需要弄清楚如何让我们的纹理动起来。我们将使用 Tiling、Offset 和 Cloud Tex 来执行着色器的初始部分。

如图 12.12 所示，我们之前已经看到了 Sample Texture 2D 节点和 Multiply 节点。现在让我们看一下 Time 节点。这个节点可以存取游戏时间、游戏时间的 sin 和 cos 值、Delta 时间以及一个平滑的 Delta。我们将使用游戏时间乘以一个常量值来表示速度。下一个新加入的节点是平铺和偏移（Tiling And Offset）节点。这个节点是一个工具节点，用于在网格上平铺和偏移 UV，此网格将用于材质。我们将偏移量 Vector2 赋值给时间值的乘法对象，偏移量会变成一个移动的值，使 UV 朝着你想要的方向移动。

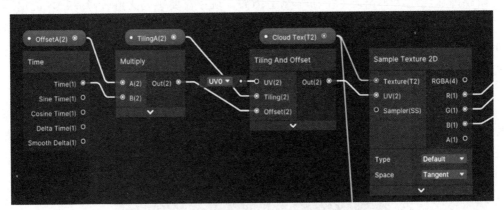

图 12.12 用于云纹理的 Offset 和 Tiling 参数

最后是将 Tiling And Offset 节点插入 Sample Texture 2D 节点的 UV 输入中。在这个图像中，你没有看到 Tiling And Offset B 的集合，因为它们是具有不同参数的相同节点。我们想要有多个集合的原因是我们想要具有不同速度和 UV 平铺比例的独立纹理。这会在输出中生成一个动态纹理。

我们需要把一个看起来永无边际的平铺模式拼起来。所有这些噪声模式都在水平方向和垂直方向上进行平铺。有时这被称为四向平铺纹理。我们计划将偏移量 A 在 Y 轴正方向上设置一个更快的量，然后在偏移量 B 上设置得稍微慢一点。我们还将 B 平铺在 0.5 和 0.75 之间。这将给我们提供一组完全不同的噪声，可叠加在另一组噪声之上。

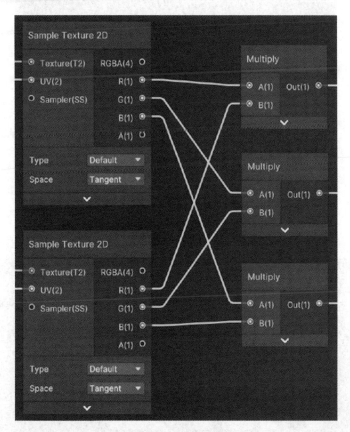

图 12.13　跨通道

在图 12.13 中，我们让三个动态图像拼在一起。两个 Sample Texture 2D 节点都有不同的平铺设置和在时间上不同的移动偏移量。将它们与一个 Multiply 节点放在一起将不可避免地创建一个活的云结构，因为它们存在交叉路径。我们对所有 R、G、B 通道都这样做。接下来，我们将每个通道乘以 5，以强制整个图像通道高于原始通道。然后，我们通过将前两个相乘的节点相加，再将第三个节点与之相加得到一个输出，如图 12.14 所示。

现在我们有了单条关于移动的数据流，可以调整值以产生更有意思的效果。我们想对数据进行平滑处理，将接近 0 的数据变成 0，将接近 1 的数据变成 1。这使得分层数据形成了一些有趣的形状，如图 12.15 所示。这样做的问题是，在这个过程中，整体的浑浊度丢失了，所以我们想要添加之前的 Add 操作的值，然后进行饱和操作，以确保它在 0～1 的范围内，之后乘以一个颜色参数，以改变检视器中的颜色。

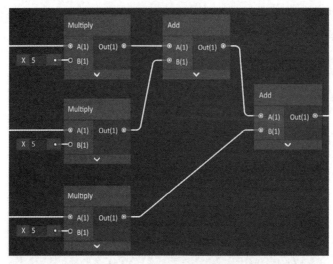

图 12.14　相乘和相加

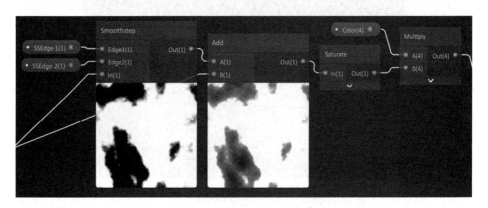

图 12.15　Smoothstep 和颜色

颜色节点的输出将进入基色。然后我们使用 SH_StairShield 着色器制作一种材质，然后将此材质应用到场景中的一个平面上，在场景中我们想要显示某个物体挡住了楼梯的效果。

Shuriken 系统——阶梯障碍物的粒子层

我们喜欢楼梯上有障碍物的感觉，但特效需要有层次效果才更好。我们还需要花一些时间来了解一下 Shuriken 本身。此特效将涉及 Shuriken 的一些基本部分，产生简单的效果以分层方式融入你的游戏世界。我们将创建一个向上移动的有弹性的精灵，为楼梯障碍物提供更多能量。

首先，我们要制作一些带有默认项的物体来展示粒子系统的强大。我们使用的是 ParticlesUnlit 材质，它是从中心开始的简单径向渐变效果。我们有时称这些为"数学点（math dots）"，因为可以在没有纹理的情况下创建它们。我们要产生一些粒子，这些粒子具有大量向上的能量，但在其生命末期时速度减慢并逐渐消失。我们将通过下面的设置来实现这一点，但是我们鼓励你在项目中查看粒子系统并尝试这些设置。做一些修改，看看是否能得到更好的效果，然后在 Discord 上分享！

Shuriken 系统在模块内部有大量的参数。我们将只讨论我们修改过的和在这个简单的系统中启用的参数。请查看 Unity 文档以了解所有参数和模块的说明。让我们先看看主模块，如图 12.16 所示。

图 12.16　Shuriken 主模块

我们在这里更改的参数是 Start Lifetime，将其更改为 1.4，以及 Start Speed，将其设置为 0。在进行了所有其他更改之后，我们对生命周期进行了更改，因为我们不知道想要这个粒子系统存在多久。将 Start Speed 设置为 0 是因为我们想要控制速度。我们还修改了颜色，但稍后会在 Color Over Life 模块中覆写该颜色。下一个要介绍的模块是 Emission。

如图 12.17 所示，这就是 Emission 模块。我们将 Rate over Time 更改为 30，以确保生成足够多的粒子。粒子的发射高度依赖于你需要传达的内容。我们想要给楼梯障碍着色器添加足够多的粒子，但不能太多，以免用力过度。

图 12.17　Emission 模块

我们现在要产生很多粒子，并希望它们出现在靠近楼梯障碍物的底部。我们将使用 Shape 模块来限制粒子生成到一个对特效有意义的位置，如图 12.18 所示。

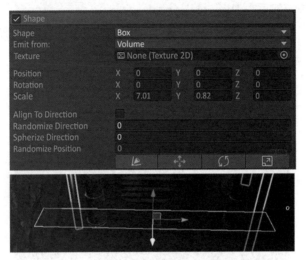

图 12.18　Shape 模块以及在游戏中放置图形

我们选择的形状是一个盒子，因为想要从楼梯障碍的底部生成粒子，然后从底部按照运动流的方式向上移动。之后需要让这些粒子运动起来，要让粒子快速地向上移动，需要将 Linear Z 设置为 100，如图 12.19 所示，将粒子发射到太空中，但我们要为速度添加一个阻力组件，以使粒子在顶部附近减速。可以通过限制 Velocity over Lifetime 来实现。

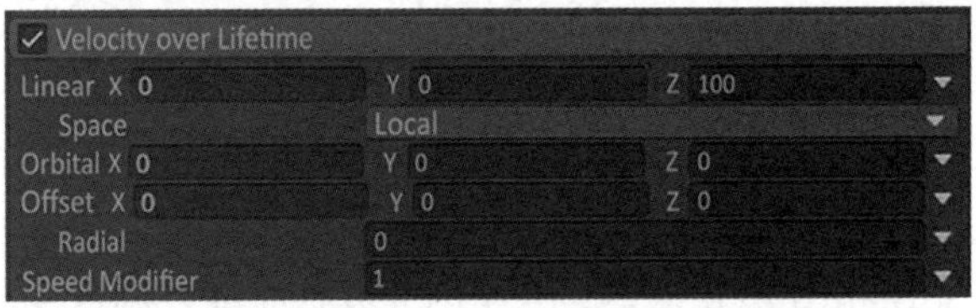

图 12.19　Velocity over Lifetime 模块

图 12.20 展示了我们给粒子添加阻力的位置。我们将阻力保持成一个常量值，设置为 5。这个值会有一个很好的阻力效果。我们之前并不能确定值应该是多少，只能不断尝试，直到效果满足我们的需求。

图 12.20　Limit Velocity over Lifetime 模块

接下来，我们需要为这些粒子着色，因为它们现在只是向上移动的白色数学点（white

math dots）。启用 Color over Lifetime 模块（见图 12.21），可以定义一个渐变，左边是粒子
生命周期的开始，右边是粒子生命周期的结束，
还有粒子的 Alpha 值（如果材质设置成接受
Alpha 值的话）。

图 12.21 Color over Lifetime 模块

单击渐变会弹出一个渐变编辑器，如图 12.22 所示。渐变的顶部是透明度，底部是颜
色。试着改变颜色，看看它如何改变粒子。

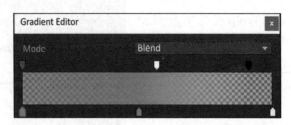

图 12.22 Gradient Editor

现在我们在 Renderer 模块中设置渲染模式。因为我们希望粒子从一开始就被速度拉伸，
所以我们很早就将这个设置更改为 Stretched Billboard。如果你决定与这个粒子的创建保持
一致，你的粒子看起来将像彩色的点而不是条纹。

将 Render Mode 设置为 Stretched Billboard 可以解决这个问题，如图 12.23 所示。我们
还将 Speed Scale 设置为 0.1，因为它们移动得非常快，如果将值设置为大于 0.1，将使粒子
拉伸得很远。

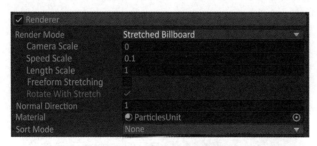

图 12.23 Renderer 模块

通过了解这些设置，我们刚刚展示了一个简单的拉伸粒子的例子来展示一些可用的粒
子系统。当向粒子添加着色器时，能量就会发挥作用。一个精心设计的视觉效果可以触发
一个动作蕴含的情感。虽然一开始这可能会让人望而生畏，但如果你把需求分解开来，那
么通过尝试不同的设置来获得符合你需求的效果，就会变得更加有趣。当进入项目时，你
会看到其他 Shuriken 效果。你可以随意将它们分开并重新组合，以了解设置中的差异以及
它们如何在视觉效果中发挥作用。

我们将在下一节介绍 VFX Graph。这是另一个粒子系统生成器，可以用于创建 GPU 粒
子。它是另一种机制，因为它在检视器之外有一套自己的系统设计和 UI。让我们来看一个

在项目中使用它的例子。

2. VFX Graph——Myvari 的心灵感应

心灵感应看起来可以像任何东西。我们想让它看起来就像 Myvari 正在利用从她的身体流向她所控制的物体的能量。对于这一部分，我们将介绍如何设置整个 VFX Graph、着色器和一些实现代码。

我们假设你已经安装了 VFX Graph 包，并已经打开了 FX_BeamSetup 视觉特效资源（Visual Effect Asset）。

在这里，Spawn 上下文环境默认使用一个常量刷出粒子来。我们想要一次爆炸出 32 个粒子，可以在粒子带（Strip）向上时操作它们。我们删除了刷出常量，取而代之的是放入一个 Single Burst 功能块，如图 12.24 所示。

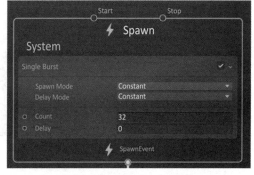

图 12.24　Spawn 上下文

数字 32 从一开始并不是一个特殊的数字。我们不确定需要将它设置成多少，但在创建粒子带的过程中可以很容易地增加这个数字。图 12.25 是我们的 Initialize 上下文。我们需要将 Particle Per Strip Count 设置为与上面爆发的粒子相同的数量。还需要一个 Set Size 块和一个 Set Custom Attribute 块。这个属性块是一个浮点数据类型，我们称之为 Interpolated Position。

我们这样叫它的原因是想让每个粒子都有索引，这样就可以把单个粒子放在想要的地方。

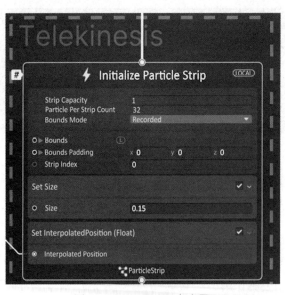

图 12.25　Initialize 上下文

我们可以在图 12.26 中看到粒子的索引，然后除以一个比总数小的数。索引从 0 开始，所以我们需要从一个小于生成数字的值开始。这里为我们提供了一个可以使用的值，并存储在我们创建的 float 自定义属性中。

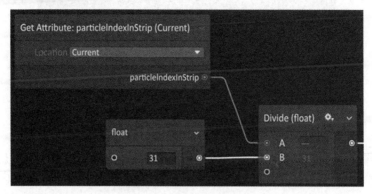

图 12.26　Particle Index 节点

　　现在我们有了一个粒子带，它需要有一个放置的位置。我们将在黑板中创建两个转换参数，就像在 Shader Graph 中所做的那样。将它们命名为 BeamStart 和 BeamEnd。根据初始化的插值位置，将粒子的位置从爆发的开始位置到爆发的结束位置做线性插值计算。参考图 12.27，你会发现它们是如何连接在一起的。Lerp 的输出将进入 Update Context。

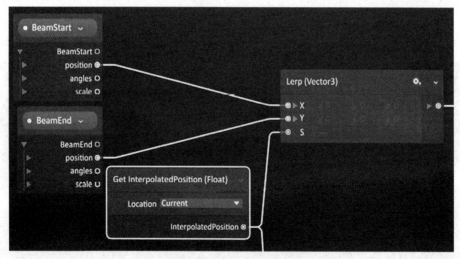

图 12.27　放置光柱的位置

　　在更新上下文中，我们有两个代码块——Set Position 和 Add Position，如图 12.28 所示。我们将把用于位置的插值输出添加到这个块中。有一个技巧可以制造奇怪的行为。在 Set Position 块的中间有一个小 W 标记。如果它显示为 L，那就意味着它在移动局部位置。在围绕游戏对象移动时将导致双重变形。如果你单击 L，它会变成 W，表示是世界空间，在局部空间中可以设置成 Add Position。

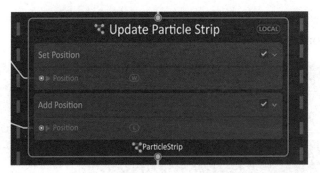

图 12.28　Update 上下文

目前我们有一个直的光柱从开始持续到结束。这对于测试来说很好，但我们需要一些更有趣的东西。我们来添加一些湍流（turbulence），这样它就不是那么刚性了。使用 Add Position 块，其输入将是一些 3D 噪声的操作。还有更多的节点可用来生成正确的湍流数据，但我们要忽略它们。

看看图 12.29，这 5 个节点就足够了。我们想要得到当前的位置，然后将其添加到 Time 块中。在这中间有一个 Multiply 节点，因此我们可以加快或减慢时间值。这也是一个可调节的变量。Add 后是一个 Perlin Noise 3D 节点。这里设置的值纯粹是主观的。将坐标放在 Coordinate 槽中，然后将输出的导数放入 Update 上下文中 Add Position 块的输入中。从那里开始，调整数值，直到得到你想要的漂亮的湍流。这种方法有一个问题，这样会更新每个粒子，包括光柱的开始和结束。这样的感觉很奇怪，因为我们希望它来自角色的手。

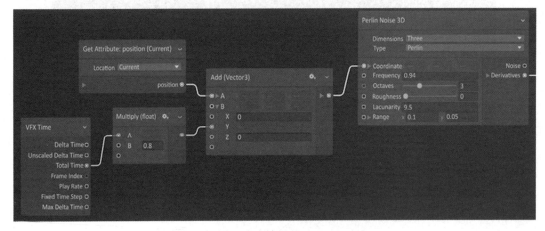

图 12.29　用于湍流效果的 3D Perlin Noise

为了确保光柱的开始和结束与此无关，我们使用一个简单的渐变来告诉位置是否应该使用湍流。在图 12.30 中，可以看到获取了插值后的位置值，并在插值过程中随时间进行采样。渐变现在作为转移粒子将受到影响后，粒子带开始和结束处的 0 值将使 0 值与噪声发生器的导数相乘。现在我们将其插入 Add Position 块中。

图 12.30　用于湍流的 Mask

我们已经到了设置 VFX Graph 部分的最后阶段。Output 上下文如图 12.31 所示。默认情况下，这将是一个 Output Particle Quad。这对我们没有任何用处，所以如果 VFX Graph 上有它，请删除它，并按空格键创建一个新节点。然后输入 particlestrip。你要找的是 Output ParticleStrip Quad。下面这个名字中含有 unlit，这是所使用的材质导致的。

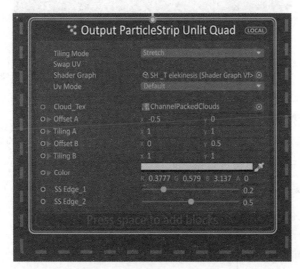

图 12.31　Output ParticleStrip Unlit Quad 上下文

这个着色器是 SH_StairShield 的副本，只是做了一点修改。在 Graph 检视器中，Support VFX Graph 布尔值被设置为 truc。这个着色器有足够的功能性来完成现在的任务。我们可能会在最终使用之前改变纹理，但现在它已经能够满足我们的需求。然后，将它赋值给输出上下文中的 Shadergraph 属性。这样可以在着色器中暴露参数。

还有两个步骤用来完成这个效果。我们需要创建游戏对象的光柱开头和光柱结尾，然后通过在游戏过程中摆放游戏对象的位置来实现这个效果。

首先，我们来制作预制件。在图 12.32 中，我们创建了一个空的游戏对象，并将其命名为 Telekinesis。然后我们将光柱作为子对象，并将其位置设置为 0，0，0。然后我们创建了另外两个空的游戏对象，并将它们命名为 BeamStart 和 BeamEnd。我们也把这些位置设为 0，0，0。

图 12.32　Telekinesis 预制件

有一个可以添加到 VFX Graph 资源的组件叫作 VFX Property Binder。将此组件添加到 FX_BeamSetup 游戏对象中。然后我们为转换创建两个绑定属性，并将它们命名为与 VFX Graph 中的属性（**BeamStart** 和 **BeamEnd**）相同的名字。把游戏对象拖动到 Target 槽中以引用游戏对象的 Transform，再对 **BeamEnd** 做同样的操作。结果如图 12.33 所示。

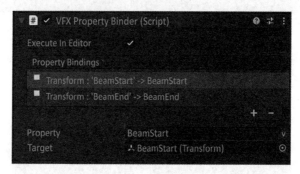

图 12.33　VFX Property Binder 组件

现在需要看一下实现方式。这里需要考虑的是，光柱的起点必须来自角色的左手。我们也知道需要把结尾与通过物理控制的物体相连接。我们还需要在交互按钮与物理解谜交互时打开或关闭视觉效果。我们将使用 **DragRigidBody.cs** 来实现。

这个脚本将屏幕中心作为一个参考点，如果你在可以与之交互的物理对象的范围内，那么可以使用第 6 章中介绍的物理解谜代码段来让 Myvari 控制刚体。

要添加的字段：

```
public VisualEffect telekinesis;
public Transform leftWristLoc;
public Transform beamStart;
public Transform beamEnd;
```

这些字段将在编辑器中被赋值，而且命名已经说明了用途，除了 **leftWristLoc**。这个 Transform 是 Myvari 的层级中的关节，展开她的层级结构，并将左手腕拖到检视器中的这个槽上。

在 **update** 方法中，我们希望在松开交互按钮时关闭光柱。

```
if (control.wasReleasedThisFrame)
    {
        //Release selected Rigidbody if there any
        selectedRigidbody = null;

        telekinesis.enabled = false;
    }
```

在这之后，我们需要使用 FixedUpdate 方法。我们使用了物理效果，所以需要让代码检查是否有刚体。在 FixedUpdate 中，如果 selectedRigidbody 为 true，将打开光柱，并在每个物理循环中设置 beamStart 和 beamEnd 的位置。

```
if (selectedRigidbody)
    {
        telekinesis.enabled = true;
        …
        beamStart.position = leftWristLoc.position;
        beamEnd.position = selectedRigidbody.gameObject.transform.
position;
    }
```

就是这样实现的！保存文件，回到编辑器，将 Transform 和视觉效果指定给脚本。这个脚本在 Main Camera 中。图 12.34 展示了使用了脚本的对象。

图 12.34　用于心灵感应脚本的 Main Camera 的位置

粒子效果和着色器总是需要细心处理的有意思的环节。太顺利总会感觉不太对。在完成一个关卡时，花点时间思考一些小细节，看看添加小动作是否对游戏卖点有意义。

从以上两个特效来看，无论特效范围大小，对每个视觉效果都花了不少心思。花一些时间仔细研究游戏中的每个特效，分别了解各个部分。

12.2.8　过场动画

在我们的项目中，使用过场动画有三个目的。第一个目的是解释这个地区存在了很长一段时间，所以这个地区是不牢固的。第二个目的是向玩家展示 Myvari 拥有天生的力量，她能够保护自己不被落下的巨石击中。第三个目的是作为她完成最后的解谜后，戴上王冠，穿过传送门的结尾场景。

我们使用过场动画的方式是，当模型在环境中就位时，将其输出。这使我们能够确保过场动画与环境尽可能精确地匹配。

12.2.9 副动画

有时候我们需要一些额外的动画，相比于绑定和手动制作更容易模拟。头发就是一个很好的例子，毛发发生的动作是获得动力后的副动画。手动制作也是可能的，但需要非常有耐心，可以用物理方法来代替。我们将使用 Unity 的 Spring Joint 组件来实现。Unity 的资源商店中也有一些资源能使这个过程更稳定。如果你只需要为副动画提供简单的物理效果，可以使用 Unity 的物理刚体组件、Spring Joint 组件和胶囊碰撞器来实现。

12.3 光照

我们决定把光照放在收尾工作中，但光照可以用一本书来介绍，这是一个很深的话题。我们想在这里回顾一些光照的基础知识，要重视光照的原因，并重点介绍一些打磨工具和如何在 Unity 中使用光照。

首先，我们需要解释光照是一门艺术。光照的目的包括定义 3D 形式、提供情绪和设计游戏玩法。在了解了一些关于光照的设计思想之后，我们将介绍 Unity 混合光照、光照贴图、反射和光照探测器。

12.3.1　3D 形式

如果没有光照，3D 形式是平面的。事实上，我们在大多数特效中都使用了无光照着色器。一个原因是我们不需要为只会在屏幕上出现很短时间的小闪烁效果添加阴影和光照。它们是平面，不需要光照来辅助定义形状，使用纹理就可以实现。

12.3.2　提供灵感

这与某个区域的设计风格有关，但重点还是光照。你向下走的时候，小道是不是越来越黑了？这可能会让玩家产生危机感或紧张感。你是否希望在某些区域周围使用非自然的灯光颜色，从而在法师的房间里营造一种神秘感？完全可能！所有这些决定都应该在放置光照时考虑到。与心情一样，我们也希望光照能够定义游戏玩法。

12.3.3　游戏玩法设计

游戏玩法可以通过多种方式来定义。事实上，整个游戏都可以围绕着光照进行设计。恐怖游戏通常使用光源作为驱赶敌人的方法，但这仅限于一段时间内，因为光源的能量肯定会耗尽！一款名为 Boktai 的老游戏采用了一条独特的路线，它使用 Game Boy 的光传感器设备为你的武器充电，如果你在黑暗中玩这款游戏，游戏将变得更加困难。

这些概念有点像是游戏元素的边缘。我们可以利用光照让玩家知道该往哪里走，或者应该远离哪里。对于光照设计的一般概念以及它如何影响玩家体验，我们现在已经有了一定的理解。让我们深入了解 Unity 光照。

12.3.4 Unity 光照

为了达到完美的状态，我们需要首先回顾一下基础知识。这里简要介绍 Unity 中的光照功能，然后将讨论在项目中如何设置和使用。内置渲染器、URP 和 HDRP 的光照各不相同。我们将专门讨论 URP 光照。此外，我们还将努力找到某种感觉，并讲解如何在垂直切片中实现预期外观中的那些功能。每个光照资源可以以不同的方式配置，这意味着这些步骤能够按照需求提供尽可能多的帮助，让你感受到光照。在你完成这些过程并体验我们讲解的内容之后，强烈建议你根据项目的需要阅读关于其他光照对象的文档，以用于不同的渲染管线。现在我们已经讨论了光照的结构，下面开始讨论混合光照。

1. 混合光照

我们在这里走了一个小小的捷径，从一开始就进入混合光照。为了合理地利用混合光照，你需要使用间接烘焙光照和动态光照。现在介绍这两种光照，然后再回到混合光照。

❑ 间接烘焙光照

实时光照是将光线投射到静态游戏对象上，再反弹到世界空间中，然后烘焙到光照贴图上。这些都是新术语！在检视器中选中 Static 复选框可以定义静态游戏对象，如图 12.35 所示。

选项被选中后，当游戏将光照贴图烘焙到它的 Lightmap UV 中时，系统会将它添加到要烘焙的项中。只有当你确定永远不会移动创建的静态游戏对象时，才勾选这个静态选项。我们非常确定这个混凝土栅栏将在整个游戏中保持固定，所以我们勾选它为静态的。下一项是光照贴图。这是一组次要的 UV，不能与你

图 12.35 Static 复选框

想要烘焙光照的对象重叠。当导入一个模型时，你可以让 Unity 生成光照贴图 UV，Unity 处理得很好。你可以通过为 3D 模型选择 FBX 并选择 Generate Lightmap UVs 来实现，如图 12.36 所示。

当你勾选了复选框之后，Lightmap UV settings 项将出现。这些值是场景中每个对象的平均值。这些设置项提供了一个很好的基础值，但你可能需要仔细查看每个属性，以确保每个对象以你期待的方式接收到光照。

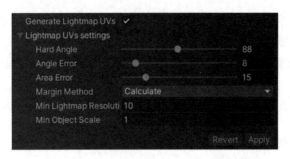

图 12.36 Generate Lightmap UVs 复选框

这是为接受光照的对象准备的。至于光照，你可以将任何可用的光源设置为烘焙光照。定向光、点光源、聚光灯和区域光都可以在生成或烘焙光照时添加到光照贴图中。

❑ 动态光照

这也被称为实时光照。实时光照必须处理实时阴影并且涉及很多设置。实时光照可以应用于没有勾选 Static 的对象。Skeletal 网格总是实时的，因为它们不能是静态的。它们的属性就是移动！

在我们的 URP 资源中，可以在 Shadows 设置中看到，可以设置阴影质量下降的范围。你可以在图 12.37 的 Shadows 部分看到这个范围值。

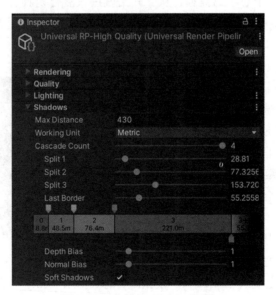

图 12.37 URP Shadows 设置

每个实时光源都使用这些设置来创建阴影。Cascade Count 是指光照质量下降的次数，默认以米为单位。这可以帮助我们设计极限，因为我们知道角色的身高应该是多少。1 个单位默认为 1 米。你可以配置一个测试场景，看看每个级联距离的阴影是什么样子，以帮助我们做决定。

实时光照的独特之处在于有四种光源可供选择：定向光、点光源、聚光灯（可用于实时光照信息）以及区域光（不能创建实时阴影）。

现在我们已经了解了实时光照和间接光照的基础知识，我们需要回到混合光照模式。首先，我们需要让你知道如何在场景中放置光照。在图 12.38 中，你可以看到光照列表。像创建任何游戏对象一样打开这个菜单，在层级结构中右击，或者进入 GameObject 菜单，将鼠标悬停在 Light 选项上，就可以看到如图 12.38 所示的子菜单。

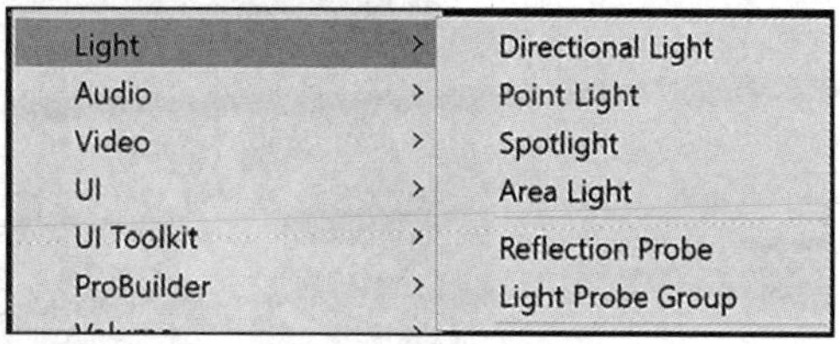

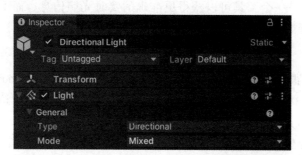

图 12.38　光照的可选项

现在我们回到混合光照。我们已经讨论了两种光照模式。有些游戏可能只使用烘焙光照，而有些游戏可能只使用实时光照。绝大多数项目会在 URP 中使用二者。当你选择任何你制作的光源时，检视器都会有一个选项可以选择实时、混合或烘焙。记住，烘焙的意思是烘焙的间接光。混合光的优点是它允许光源在它所在的地方被烘焙，但当引入一个非静态的游戏对象时，它会表现得像动态的一样。这对于定向光很有用。这种光就像太阳光一样，所以我们希望它用于烘焙静态物品，而不是用于烘焙角色或任何非静态的对象。你可以在图 12.39 中看到此选项被选中。

图 12.39　将 Directional Light 的模式设置成 Mixed

即使你已经将所有网格设置为静态的，并将灯光设置为实时、烘焙或混合之一，仍然需要在光照窗口内设置你的光照选项。要做到这一点，可以参考图 12.40。

在弹出的窗口中，有几个可调整的设置项。这些设置项对于每个项目来说都是唯一的。我们想要不错的阴影保真度。这意味着我们的光照贴图需要更多的样本和更高的分辨率。我们还需要在播放过场动画时非常接近游戏中的角色，这仍然是实时的。在考虑设置项时需要考虑这些因素。你可以调高设置项，使用一个巨大的烘焙光照得到漂亮的阴影，但实时阴影可能无法处理它，会变成块状，这将导致游戏产生一种奇怪的效果。在添加更多的光源和光照贴图后，最好考虑一下你的游戏将要运行的系统，并再次完全地测试性能。

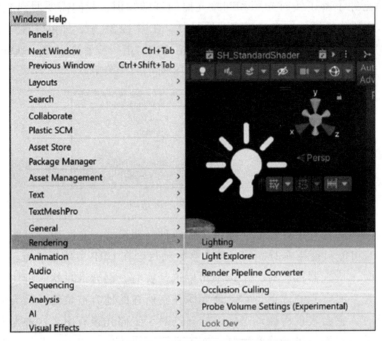

图 12.40　光照窗口的菜单路径

Unity 内部还有另一个工具可以获得更准确的实时光照信息，而不需要大量的实时光照。它被叫作光照探测器，让我们来看看这个工具。

2. 光照探测器

创建光照探测器很简单，进入 Light 游戏对象组再选择 Light Probe Group，如图 12.41 所示。

你可以在图 12.38 中的上面有三个手指的选项中看到这个工具。这个工具的作用是对 3D 点的光照信息进行采样，效果如图 12.42 所示。即使光照只是烘焙信息，这些信息也会被实时使用。如果你想使用区域光（只有烘焙）的自然花纹并将其添加给角色，这是非常有用的。想象一下墙上有一个光源，你不需要它投下阴影，也不需要是实时的阴影。你可以只在该区域周围使用光照探测器，而不需要消耗资源，这个工具将帮助你实时拾取非静态的几何形状。

要配置这个工具，你需要手动放置光照探测器。在资源商店中可以找到自动放置它们的资源，但请记住，娱乐行业中的任何自动化内容都需要艺术家参与，以满足游戏体验。

当编辑 Light Probe Group 中的组时，在检视器中的参数如图 12.41 所示。

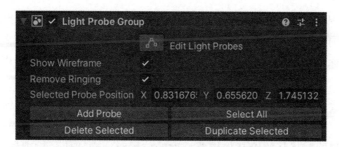

图 12.41　检视器中的 Light Probe Group

你可以添加、删除、全选和重复选中。当你放置光照探测器时，只需知道它们是多个颜色的位置的平均值。这些颜色并不能完美地呈现某个区域的光线，但更多的是一种近似的刺激，以确保游戏中角色的情绪保持不变。如上所述，添加探测器，直到形成一个漂亮的晶格。你拥有的探测器越多，所需的计算能力就越强。像往常一样，对于每个项目，这将取决于系统性能允许使用多少个光照探测器。

放置好探测器之后，你可以按下播放键并四处走动，或者只是在场景中拖动非静态的游戏对象以查看灯光的微弱变化。

图 12.42 所示是垂直切片的第一个走廊的光照探测器晶格的示例。

图 12.42　光照探测器晶格

这可能还需要一些时间，在放置光照后完成。如果你改变了光照的配置，确保也重新考虑之后的光照探测器。在我们开始打磨声音之前还有最后一件事，复习一下反射。

3. 反射探测器

世界上有一些材质可以反射环境的颜色。这些材质是金属或有光泽的材质。问题是，它们反射了什么？这个问题很好，因为 Unity 最初只会创建一个天空盒的反射贴图，所以这些材质中有一些会反射。你可以在场景中添加另一个工具，即反射探测器，你指定一个体积（volume），在该区域有反射数据，还可以利用重叠体（overlapping volume）。

这是一个有意思的问题，因为它并不完美，探测器的反射位置来自其中心位置。如果面积很大，而且需要非常靠近反射点，同时又需要精准反射，那么就需要多个反射探测器，每个探测器的体积根据需要而定。体积越小，反射图像越清晰。这些类型的事物在你环游世界并寻找这些内容或在游戏的过场动画中看到奇怪的倒影之后才会变得非常清楚。这里有一个小警告：你可以创建实时反射，但它们的成本很高，应该谨慎使用，除非我们家里都有量子计算机。

要创建一个反射探测器，该选项与 Lighting 下游戏对象菜单中的其他光照选项的位置相同。

当你创建探测器并将其放置在你想要反射的位置时，必须使用检视器来编辑 Volume 组件，如图 12.43 所示。

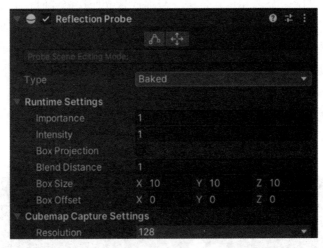

图 12.43　检视器中的 Reflection Probe 组件

顶部中间的两个图标用于编辑和移动 Volume 组件。选择点图标使你可以设置 Volume 组件的形状，按需要缩小和扩大。类型可以是 Baked、Real-time 或 Custom。Baked 只会被烘焙一次，并且不能在运行时更改。Real-time 会在游戏的每一帧发生变化。Custom 允许你放置自己的自定义立方体贴图，而不是对环境进行采样。如果你想在反射中扭曲环境，这可能很有用！立方体贴图的设置项可以调整立方体贴图的缩放和参数，以性能为代价提升保真度。

最重要的设置之一是 Importance 设置！这个设置是一个整数，用于告诉游戏当有重叠的 Volume 组件时要显示哪个反射探测器。

其工作原理是，数字越大，重要性越强。如果你有两个重叠的 Volume 组件，比如洞穴入口的内部与外部，那么你可以将走廊的重要级别设置为 2。这样，当你进入更重要的 Volume 组件时，反射探测器将切换到新的 Volume。这可能会在接近反射表面时引发反弹。在玩游戏的过程中，当发生转移时请注意反射。

增加光照总的来说是一项有意思的任务。它可以极大地提高游戏的图像质量，而且可以使用一些很不错的技巧。接下来是声音的润色。

12.4　声音的润色

我们可以做一些事情让游戏中的声音逼真。打磨声音可以归结为调整声音的音量，改变最小和最大衰减距离，甚至替换你觉得不太好的声音。

这些都是我们在整个项目中已经调整过的东西。例如，在我们的第一个环境中，可以调整音量或音调，以找准感觉。或者我们可以改变声音衰减的最小距离或最大距离，添加可能错过的声音，确保某些更重要的声音比其他声音更大，等等。

总的来说，混合和打磨声音是一个重复性很高的过程，只是修改各种值，替换声音，以获得最佳感觉。在把声音放入游戏之前，你永远不知道声音是如何与其他声音匹配的。

12.4.1　通过动画事件触发声音

我们想要展示如何为动画事件添加声音。这是一个非常简单的过程，因为我们已经知道如何添加动画事件，以及如何使用 AudioSource 组件触发声音。我们要添加角色行走时脚步声的声音。

首先，选择角色 MyvariWithCameraRig，如图 12.44 所示。

图 12.44　MyvariWithCameraRig

然后，我们进入它的子对象，找到 SM_Myvari 游戏对象。你会看到 Animator 组件！我们只需要用到几个参数。

首先，创建一个新的脚本并将其命名为 AnimationSounds，然后把它放在 Animator Component 下面。然后，添加 AudioSource 组件，如图 12.45 所示。

在继续下一步之前，添加一个函数到 AnimationSounds 脚本中。删除 Start 和 Update 函数并添加一个名为 PlaySound() 的新函数。在这个新函数上面，声明一个新的公共变量 public AudioSource AnimSound。

现在，在 PlaySound() 函数内部添加 AnimSound.Play()。

接下来，在检视器中，可以将 AudioSource 组件添加到 AnimationSounds.cs 组件的序列化字段中（见图 12.46），并添加脚步音效，如图 12.47 所示。

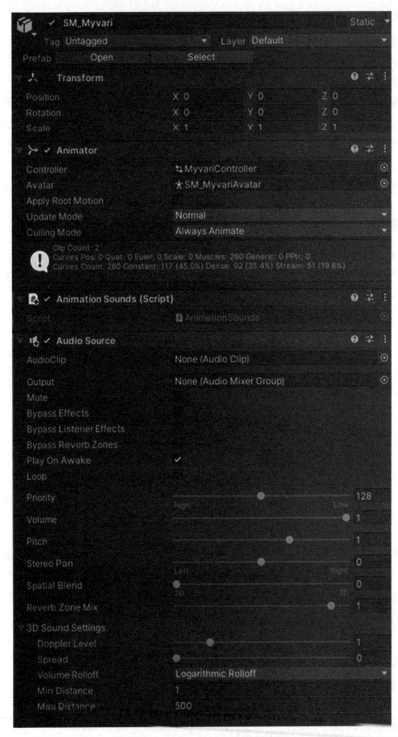

图 12.45　SM_Myvari 检视器窗口

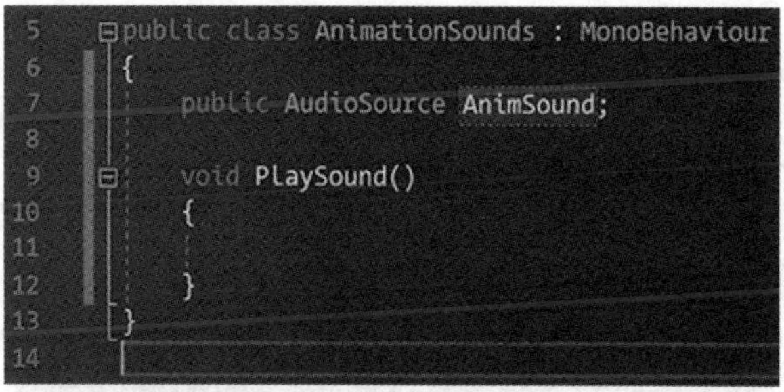

```
5   ⊟public class AnimationSounds : MonoBehaviour
6    {
7        public AudioSource AnimSound;
8
9    ⊟    void PlaySound()
10       {
11
12       }
13   }
14
```

图 12.46　新的 **AnimationSounds.cs** 代码

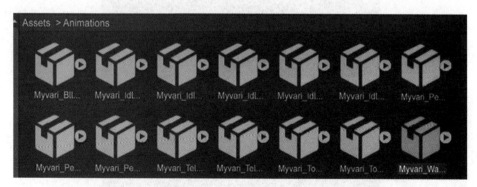

图 12.47　检视器中的 **AnimationSounds.cs** 脚本

非常棒，接下来我们用事件标记动画。

12.4.2　将用于声音的事件标记在动画上

我们在添加动画事件时遇到的一个大问题是，不能直接通过动画窗口添加事件，所以必须打开 Unity 中的 FBX 文件。

最佳方法是打开菜单 Assets → Animations（见图 12.48），并选择 **Myvari_Walk_Basic** FBX 文件。

图 12.48　Unity 中 Assets → Animations 文件夹中的项目资源管理器

接下来，向下滚动检查器，直到看到 Events 下拉菜单，如图 12.49 所示。

打开 Events 下拉菜单，再打开检视器底部的 Preview 窗口。

Preview 窗口可能隐藏在检视器的底部，你可以单击并从底部把它拖出来显示！看起来应该如图 12.50 所示。

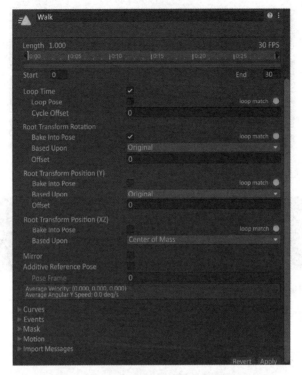

图 12.49　动画片段的检视器窗口

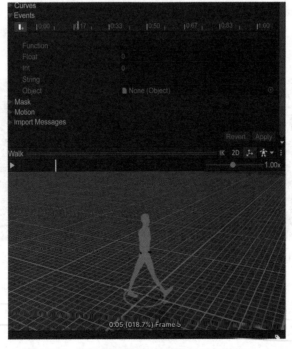

图 12.50　在动画片段的检视器窗口中预览（一）

接下来，使用预览窗口上方的时间轴，我们可以循环到动画的不同部分，具体来说，要找到脚印的位置，所以希望找到像下面这样的点，也就是脚与地面接触的地方，如图 12.51 所示。

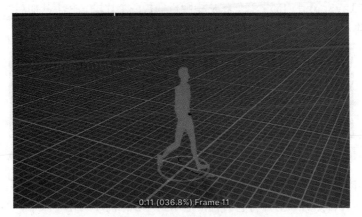

图 12.51　在动画片段的检视器窗口中预览（二）

时间线对齐后，继续添加一个动画事件。在写着 Function 的地方输入 PlaySound，注意，不包括你之前看到的括号（在 PlaySound() 中）！基于某种原因，包含括号不会正确触发执行这个函数。

图 12.52 所示就是我们放置事件的地方。

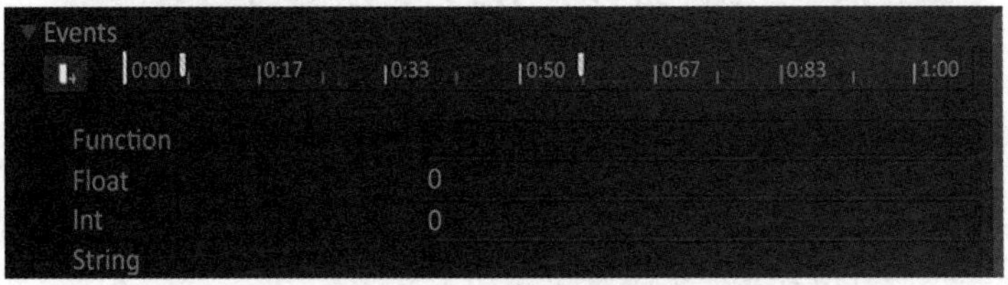

图 12.52　在动画片段的检视器窗口中的事件时间线

现在，当你进入游戏并四处走动时，你将会听到声音！祝贺！我们现在有了脚步声！

1. 随机化的声音

你可能会注意到我们的脚步声相当重复乏味，这就是为什么我们经常喜欢在游戏中添加随机声音！

这是一个从音效池中随机播放声音的过程，这样声音就不会重复。在本例中有五种不同的脚步声音效可供选择，可以在目录 /Assets/Sounds 中找到：

```
MainFS_01.wav — MainFS_05.wav
```

接下来，打开 AnimationSounds.cs 脚本并查看如何添加随机声音。在这个例子中，我们将使用 AudioClip 列表，如图 12.53 所示。

```
public List<AudioClip> soundPool = new List<AudioClip>();
```

图 12.53　AnimationSounds.cs 代码中的公共音效池列表

然后，在 PlaySound 内部，我们将从中随机选择一个片段，并将其加载到 AudioSource 组件中。我们将使用 Random.Range 方法来实现，如图 12.54 所示。

```
void PlaySound()
{
    AnimSound.clip = soundPool[Random.Range(0, soundPool.Count)];

    AnimSound.Play();
}
```

图 12.54　AnimationSounds.cs 代码中的 PlaySound() 函数

接下来，让我们打开 AnimationSounds.cs 脚本所在的检视器，选中所有的 MainFS.wav 声音，然后单击并将它们直接拖动到声音池的序列化字段中，如图 12.55 所示。

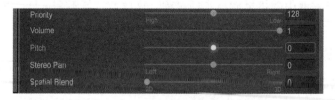

图 12.55　AnimationSounds.cs 代码在检视器中

就这样，现在我们可以从声音池中随机播放声音了。

2. 随机化的音调

有时可以通过随机化的音调来增加变化。这也是一个非常简单的过程。我们要做的第一件事是定义要影响的音调范围。

我们只想播放这一个声音，并尝试不同的音调，看看哪种单调听起来不错。打开保存脚步声的 AudioSource 组件（见图 12.56）并滑动 Pitch 滑块！音调将会实时更新。

图 12.56　AudioSource 组件

你听到的过高或过低的声音都是不符合实际的。所以我们喜欢将范围控制在 −0.3～0.3 之间。在代码中，我们只需要添加一个简单的 `Random.Range()` 来指定 `AudioSource` 组件的音调，如图 12.57 所示。

```
AnimSound.pitch = Random.Range(-0.3f, 0.3f);
```

图 12.57　使用 `AudioSource` 组件展示如何实现随机音调

这就是我们想要的效果！在游戏背景音中创建深度的最重要方法之一便是添加尽可能多的音源。在动画中添加随机变化、细节声音和动态音频等内容会有很大帮助！继续玩游戏，感受这些变化。

12.5　小结

本章介绍了我们在项目中使用过的许多不同的工具。我们花了一些时间来了解敲定美术效果和资源的过程。我们不仅关注模型和纹理，还关注设计，以确保每个资源与预期的世界相符。在此，我们还讨论了添加来自 Shuriken 和 VFX Graph 粒子系统的特效，包括显示心灵感应的特效的实现。

然后我们进行了灯光设计，用光照映射、反射、光线探测器和烘焙来讲解 Unity 的光照。光照可以为游戏添加许多元素，所以这部分不能忽视！

为了完善游戏效果，我们进行了声音的打磨，通过动画触发声音，并为声音添加随机性，为游戏玩法带来更多活力。

这些就是本书的内容！非常感谢你读完本章，我们希望它能给你带来更多知识。请考虑访问 Discord 网站，在那里我们会回答问题并更详细地讨论项目。

在此之后还有一个奖励章节，介绍了一些可以用于不同项目的 Unity 工具，以及 Unity 为多人游戏、XR 和可视化脚本提供的一些产品。如果你还需要一本关于这些主题的书，请告诉我们！

第 13 章

其他 Unity 工具

在本书中，我们讨论了第三人称解谜游戏的垂直切片。这是一种特殊的游戏类型，在开发过程中存在其独特的问题，这意味着许多 Unity 的优秀工具并未被提及，所以我们想用一小部分内容来阐述 Unity 可以为你以后的项目提供哪些服务。我们将对以下内容提供入门级的介绍：

❑ 多人游戏。

❑ 扩展现实（XR）。

❑ 机器学习代理。

❑ Bolt 可视化脚本。

13.1 Unity 游戏服务

我们探索了一组名为 Unity 游戏服务（UGS）的工具。这些工具旨在提供需要花很长时间才能开发出来的解决方案，可以在更短的时间内集成到你的项目中。这些工具可以直接帮助配置多人模式、混合现实（虚拟现实和增强现实的混合）、可视化脚本（称为 Bolt），最后是一组创新性的工作流工具。让我们先看看多人游戏工具。

13.1.1 多人游戏工具

Unity 提供了许多服务，包括中枢服务工具和教育服务，以及在项目中实现多人游戏。根据多人游戏的分类，Unity 将多人游戏的核心划分为三个模块：创建、连接和通信。

1. 创建

Unity 认为这是游戏的基础，并引入了 Netcode for GameObjects 和 Netcode for Entities。

Netcode for GameObjects 是一个用于 Unity 游戏引擎的新网络库，其中包含可自定义和可扩展的库、教程和示例，以满足多人游戏项目的需求。

Netcode for Entities 利用了 Unity 新的面向数据的技术栈（DOTS）。全新的高性能多线程 DOTS 可以充分利用多核处理器来打造更丰富的用户体验，并更快地迭代更易于阅读和复用的跨项目 C# 代码。DOTS 为程序员提供了一个直观的沙盒，以创建安全的多线程代码，以体现一系列开发多人游戏的优势。

DOTS 专注于流式数据，允许灵活地重用代码，帮助他人理解 DOTS 并提升协作水平。有了这些不同的功能，DOTS 可以将预先存在的工作流转化成转换工作流。只需单击此工作流即可将游戏对象转换为实体。在运行时，实体预览检视器将 DOTS 如何将游戏对象转换为实体的流程可视化。同时，使用 Unity Live Link 功能可以在运行模式下立即迭代，而无须每次都创建新版本。利用更快的迭代，而不必每次都创建新版本，使开发团队能够在目标设备上实时测试游戏体验。

Unity 创建了可以复用的资源包。Unity 强烈建议你在测试和项目的预发布阶段使用预览资源包，因为可以验证资源包是否可用于产品。

2. 连接

多人游戏中的用户体验通常与匹配玩家、游戏前后的大厅以及排队时间有关。Unity 开发了一些服务，包括大厅（Lobby）服务、中继（Relay）服务、多玩家（Multiplay）服务和匹配（Matchmaker）服务等来补充这些多人游戏体验。

Unity Lobby 服务让玩家可以在游戏会话开始之前或之间连接到大厅。玩家可以使用简单的属性创建公共大厅。这些大厅可以被其他玩家搜索、发现和加入。私人大厅可以作为仅面向受邀玩家的专属空间。

Relay 服务是 Unity 提供的服务到服务工具，可能与 Lobby 服务搭配使用。当玩家与游戏断开连接时，Relay 服务将自动删除断开连接的玩家，并通知你意外断开连接事件。此外，你还可以使用 Netcode for GameObjects 为多人游戏访问提供可靠的基础。

Multiplay 服务通过 Unity 提供多个云混合的游戏服务器。此服务允许你访问托管服务器和匹配服务，而无须构建和维护自己的后端基础架构。Unity 专注于提供更流畅的玩家体验，投资创建了 190 多个数据中心，这些数据中心旨在大规模提高弹性和性能。这些服务器在全球范围内运行，坚持服务质量（QoS）标准。QoS 匹配连接的最佳区域，无论玩家在何处玩游戏，都能为他们提供稳定的连接，从而最大限度地提高玩家参与度，减少掉线时长，而且能够向各种平台的玩家交付新内容。

Matchmaker 服务是通过与 Google 的开源协作共同创建的，叫作 Open Match。Matchmaker 服务也是 Unity 专用游戏托管服务解决方案 Multiplay 服务的一部分，可以为 Unity 的企业级客户提供开箱即可集成服务，可以扩展到支持各种玩家数量。Matchmaker 服务包含开发人员配置的匹配逻辑、可自定义的计算器和匹配循环，其中计划匹配函数的执行作为其托管解决方案，可在正确的时间在正确的位置匹配你的玩家。

3. 通信

当游戏体验很好、具有沉浸感并且玩家之间具有稳定的交互质量时，就会提高玩家参与度和留存率。Unity 提供了玩家参与工具，通过 Vivox、Community 和 Safety 支持积极的社交体验。

Vivox 是一项易于实现且可靠的功能，可以为你的游戏提供功能丰富的语音和文本聊天服务。《无畏契约》《英雄联盟》《彩虹六号：围攻》《绝地求生》等行业领先游戏都坚定地使用了它，Vivox 为玩家提供最好的通信服务。Vivox 可以与全球任何平台和游戏引擎一起运行，可以在两天之内集成并扩展到数百万玩家。

即将推出的是 Unity 通信库中的最新成员——Community 和 Safety。Unity 在此平台上的重点是玩家的安全分析和游戏管理。

13.1.2　XR 插件

XR 是一个总称，包括虚拟现实（VR）和增强现实（AR）。VR 完全围绕用户创建一个独特的环境。AR 通过技术设备的镜头将数字内容囊括在现实世界中。XR 将用户的现实世界和数字世界的环境组合起来进行交互。

Unity 开发了一个名为 XR SDK 的新插件框架。此框架使 XR 提供商能够成功地与 Unity 引擎及其所有功能集成，以优化前面提到的每个应用程序。

Unity 支持以下 XR 平台：

- ❑ ARKit
- ❑ ARCore
- ❑ Microsoft HoloLens
- ❑ Windows Mixed Reality
- ❑ Magic Leap
- ❑ Oculus
- ❑ OpenXR
- ❑ PlayStation VR

Unity 目前不支持 WebGL 上的 XR。这种基于插件的方法使 Unity 能够适应快速错误修复，发布来自平台合作伙伴的 SDK 更新，并支持新的 XR 设备，而不需要修改核心引擎。

13.1.3　机器学习代理

Unity 深知人工智能研究的进步取决于使用当前用于训练 AI 模型的基准来解决现有环境中的棘手问题。当游戏变得复杂时，开发人员将需要创建智能行为，这可能会导致需要使用特别专业的工具编写大量代码。

Unity 创建了一个机器学习代理（ML-Agents）工具包，这意味着你不再需要"编写"特征行为的代码，而是通过深度强化和模仿学习的组合来教智能代理"学习"。

因此，开发人员就可以创建更真实、更形象和认知上更加丰富的 AI 环境，以及更具吸引力的游戏玩法和更好的游戏体验。

13.1.4　Bolt 可视化脚本

Bolt 允许你创建可视化的、基于图形的系统，而不是编写传统的代码。通过可视化脚本，Bolt 促进了设计师、美术师和程序员团队之间的无缝协作，从而加快了原型设计和迭代速度。

更多的技术团队成员可以为非程序员提供自定义的节点，以提高生产力，而不需要编码水平。Bolt 提供流程图（Flow Graphs）、状态图（State Graphs）、实时编辑（Live Editing）、调试（Debugging）和分析（Analysis）、代码库兼容性（Codebase Compatibility）和易用性（Ease of Use），下面将依次介绍。

1. 流程图

流程图将成为项目中交互的主要工具。使用基于节点的操作和值，这些图可以按照你指定的任何顺序来执行逻辑。

2. 状态图

状态图允许你创建自包含行为，这些行为可以指示对象在达到特定状态时要执行的操作。状态图与高级逻辑兼容，例如 AI 行为、场景或关卡结构，或任何在状态之间过渡的行为。

3. 实时编辑

实时编辑可以在运行模式下实时完成图形。快速迭代和测试想法，无须重新编译项目的改动。

4. 调试和分析

调试和分析可以在运行模式下通过可视化脚本图形找到。Bolt 将高亮显示正在执行的节点，如果发生错误，节点将很容易被发现。

5. 代码库兼容性

代码库兼容性允许我们在图中使用任何第三方插件或自定义脚本。可视化脚本通过反射直接访问我们的代码库，并且始终是最新的，无论它是来自 Unity 的方法、字段、属性还是事件。

6. 易用性

易用性可视化脚本的目的是通过容易使用的功能、注释和搜索功能，供技术水平较弱的游戏创建者使用。

13.2　小结

本章旨在展示 Unity 可以用在你的新游戏设计过程中的一些功能。我们没有在项目中使用这些功能，这就是为什么我们把这些功能留在奖励章节。多人游戏工具是制作多人游戏的绝佳资源。通过将 AR 和 VR 的插件整合到 XR 插件中，我们现在有了一个不错的集中式插件，而无论你使用什么硬件，都可以处理所有的现实变化。然后，我们讨论了 Bolt 的可视化脚本。如果你不会编程，请考虑使用它。

我们希望你从这本书中学到一些知识，并且学习的过程也让你感到很开心。我们在本书的开头和整本书中都提到，如果你想与购买本书或 Packt 出版的以 Unity 为主题的书籍的其他用户互动，Discord 社区是一个好地方。我们很乐意在那里见到你，并帮助你实现下一个好的创意。

Unity着色器和屏幕特效

作者: James Louis Dean ISBN: 978-7-111-57041-7 定价: 49.00元

After Effects影视动画特效及栏目包装200+

作者: 王红卫 等编著 ISBN: 978-7-111-53523-2 定价: 79.00元

Unity3D网络游戏实战

作者: 罗培羽 著 ISBN: 978-7-111-54996-3 定价: 79.00元

3D打印建模: Autodesk Meshmixer实用基础教程

作者: 陈启成 编著 ISBN: 978-7-111-53864-6 定价: 59.00元

推荐阅读

Unity 3D人工智能编程

作者：Aung Sithu Kyaw 等 ISBN：978-7-111-50389-7 定价：59.00元

Unity游戏开发实战（原书第2版）

作者：Michelle Menard ISBN：978-7-111-51642-2 定价：79.00元

游戏开发工程师修炼之道（原书第3版）

作者：Jeannie Novak ISBN：978-7-111-46508-0 定价：99.00元

网页游戏开发秘笈

作者：Evan Burchard ISBN：978-7-111-45992-7 定价：69.00元